또! 까면서 보는 해부학 만화

초판 1쇄 발행 2023년 6월 26일
초판 8쇄 발행 2025년 10월 2일

지은이 압듈라

펴낸이 조기흠
총괄 이수동 / **책임편집** 최진 / **기획편집** 박의성, 유지윤, 이지은 / **감수** 신동선
마케팅 박태규, 임은희, 김예인, 김선영 / **제작** 박성우, 김정우
교정교열 책과이음 / **디자인** 이슬기

펴낸곳 한빛비즈(주) / **주소** 서울시 서대문구 연희로2길 62 4층
전화 02-325-5506 / **팩스** 02-326-1566
등록 2008년 1월 14일 제 25100-2017-000062호

ISBN 979-11-5784-673-3 03400

이 책에 대한 의견이나 오탈자 및 잘못된 내용은 출판사 홈페이지나 아래 이메일로 알려주십시오.
파본은 구매처에서 교환하실 수 있습니다. 책값은 뒤표지에 표시되어 있습니다.

⌂ hanbitbiz.com ✉ hanbitbiz@hanbit.co.kr f facebook.com/hanbitbiz
N blog.naver.com/hanbit_biz ▶ youtube.com/한빛비즈 ⓘ instagram.com/hanbitbiz

Published by Hanbit Biz, Inc. Printed in Korea
Copyright © 2023 압듈라 & Hanbit Biz, Inc.
이 책의 저작권은 압듈라와 한빛비즈(주)에 있습니다.
저작권법에 의해 보호를 받는 저작물이므로 무단 복제 및 무단 전재를 금합니다.

지금 하지 않으면 할 수 없는 일이 있습니다.
책으로 펴내고 싶은 아이디어나 원고를 메일(hanbitbiz@hanbit.co.kr)로 보내주세요.
한빛비즈는 여러분의 소중한 경험과 지식을 기다리고 있습니다.

또!  해부학 만화

압듈라 글·그림
신동선 감수

· 못다 깐 근육과 신경 이야기 ·

한빛비즈

CONTENTS

| 1화 | 뼈 파이팅: 뼈 | 007 |
| | 쉬면서 보는 해부학 칼럼 이런 골절, 저런 골절 | 016 |

| 2화 | 연골의 편지: 관절 | 019 |
| | 쉬면서 보는 해부학 칼럼 뼈에 뼈 잡고 | 029 |

| 3화 | 신비한 근육의 쌍둥이 공주: 근육 | 033 |
| | 쉬면서 보는 해부학 칼럼 근육의 옷 | 044 |

| 4화 | 먼나라 해부학 이웃나라 해부학: 동양의 해부학 역사 | 047 |
| | 쉬면서 보는 해부학 칼럼 어째서인지 신경 쓰이는 이븐시나 | 058 |

| 5화 | 근성 짱: 한국·일본의 해부학 | 061 |
| | 쉬면서 보는 해부학 칼럼 황제가 덕질을 시작했습니다만, 문제라도? | 072 |

| 6화 | 팔뚝몬스터: 이두근·삼두근·삼각근 | 075 |
| | 쉬면서 보는 해부학 칼럼 이름하여 부리돌기! | 086 |

| 7화 | 드래근볼: 종아리 | 089 |
| | 쉬면서 보는 해부학 칼럼 "그 녀석은 우리 중 최약체." | 100 |

| 8화 | 이니셜 V: 목 | 103 |
| | 쉬면서 보는 해부학 칼럼 다 같이 한숨 돌리기 | 115 |

| 9화 | 흉곽아파트 호흡근육의 비밀: 호흡근육 | 117 |
| | 쉬면서 보는 해부학 칼럼 발살바 호흡은 변비의 호흡 | 127 |

| 10화 | 따끈따끈 배의 근육: 복근 | 131 |
| | 쉬면서 보는 해부학 칼럼 근육퀴 디자인 모티브 & 설정 | 143 |

11화	괄약왕: 골반바닥	145
	쉬면서 보는 해부학 칼럼 턱억 하고 빠지는 턱관절	157
12화	손목발목 울 적에: 손목·발목	159
	쉬면서 보는 해부학 칼럼 "그의 손과 발이 활처럼 휘었다."	171
13화	인사이드 꽃밭: 머릿속	175
	쉬면서 보는 해부학 칼럼 나 혼자만 외과 레벨업(1)	187
14화	주털피아: 피부·손톱·털	193
	쉬면서 보는 해부학 칼럼 나 혼자만 외과 레벨업(2)	203
15화	캐치 뇌 이프 유 캔: 신경계+	207
	쉬면서 보는 해부학 칼럼 걸음마부터 배우는 걸음(1)	216
16화	중이염이라도 감각이 알고 싶어! : 눈·코·입·귀와 감각	219
	쉬면서 보는 해부학 칼럼 걸음마부터 배우는 걸음(2)	230
17화	심장은 친구가 적다: 심장+	233
	쉬면서 보는 해부학 칼럼 이상근 이상하다	242
18화	에러노트: 세월을 정통으로 맞아버린 해부학	247
	쉬면서 보는 해부학 칼럼 💚 세포 아이돌 Celly 데뷔 한정 굿즈 💚	257
19화	우리의 세포들: 확대한 해부학	259
	쉬면서 보는 해부학 칼럼 추천하고 싶은 책	269
에필로그	퀸과 함께	273
맺음말		285
참고문헌		286

뼈는 한없이 강해 보이지만

척추와 뼈의 여왕
척추퀸

실은 약하게 태어났음에도 불구하고 부단히 노력한 끝에 강해진 것이다.

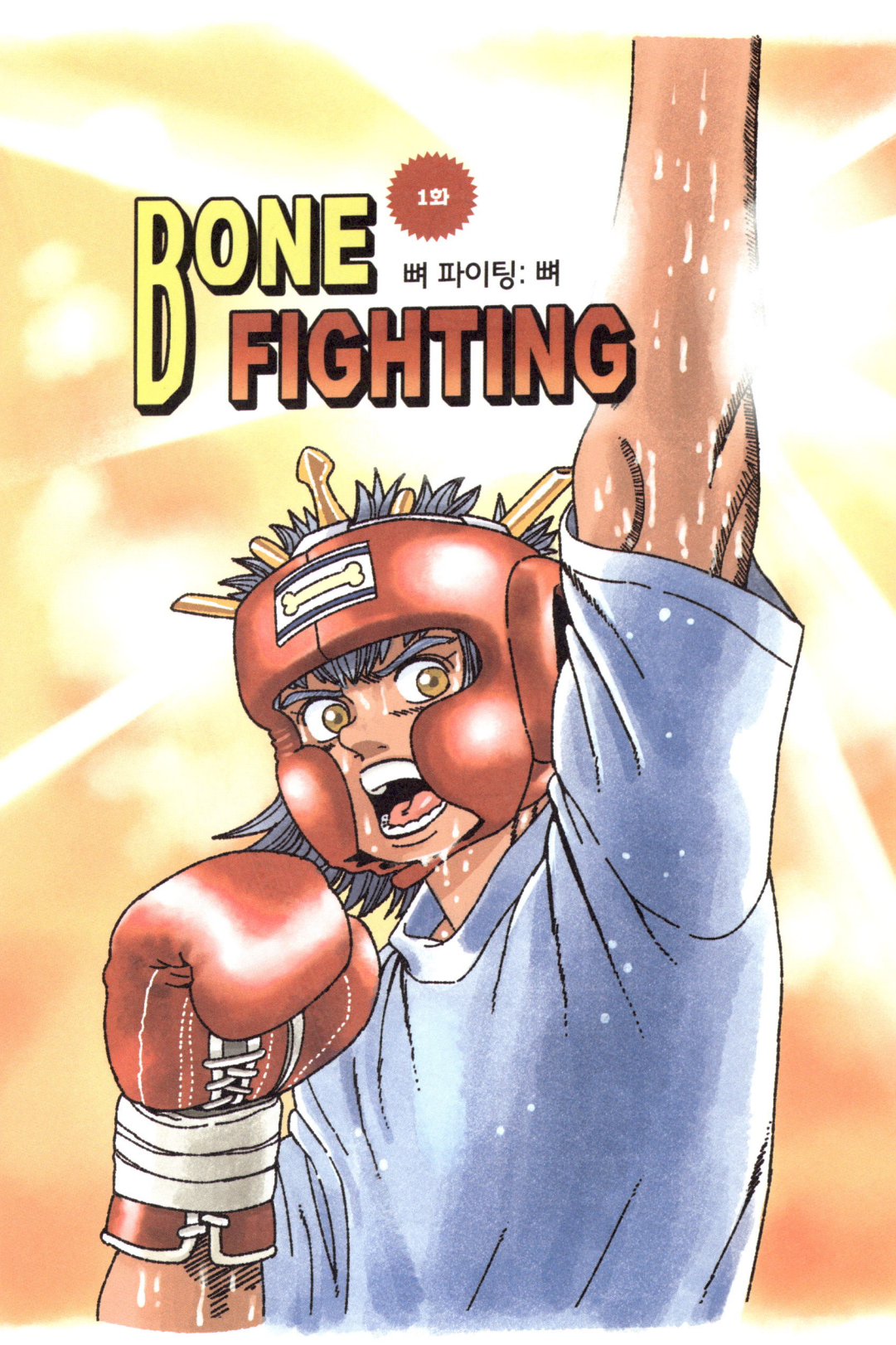

뼈는 말랑말랑한 연골로 인생을 시작한다.

신생아의 연골은 중앙부터 끝부분으로 칼슘이 쌓이는 과정을 거치며
연골과 달리 단단하고 든든-한 뼈가 되는데

*머리의 마루뼈, 이마뼈와 쇄골은 연골이 아니라
'막'에서부터 뼈가 된다.

이렇게 다 큰 뼈는 안심하고 신경을 끄면…
……안 된다.

기본적으로 단단하고
고집스럽지만 의외로 주변의
영향을 많이 받기 때문이다.

'울프의 법칙'이라는 것이 있다.

늑대의 법칙

뼈가 환경에 적응하기 위해 변형된다는 이론

♥ 사실 늑대 울프(Wolf)가 아니고 Wolff(울프 혹은 볼프) ♥

극단적인 예시를 들자면…

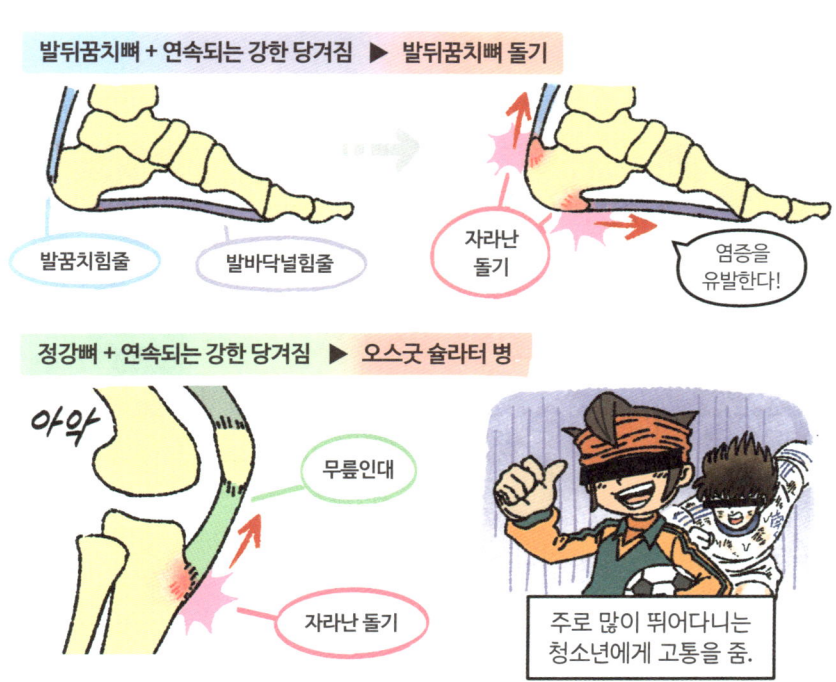

둘 다 뼈가 잡아당겨지는 '환경의 영향'으로 변한 것이다.

*물론 모든 뼈의 변형을 울프의 법칙만으로 설명할 수는 없고, 실제로는 더욱 다양한 요인을 고려해야 함.

또 다른 사례로 지구에 복귀한 우주 비행사가 바로 걷지 못하고
휠체어를 타는 이야기가 유명하다. 이것 역시 우주의 '무중력 환경'에서
덜 쓰인 근육의 양과 뼈의 밀도가 감소했기 때문인데

'뼈의 밀도가 감소했다'라는 건 겉보기는 같지만
안을 이루는 '재료'에 구멍이 생겼다는 뜻이고,
여기서 더 진행된 게 그 유명한 '골다공증'이다.

다른 네임드 질환과 달리 자체 증상이 없다는 특징이 있으며
그 대신 '뼈가 쉽게 부러질 수 있는 상태'가 된다.

근데 이게 또
애석하게도…

성별에 따라 다른 양상을 보인다.

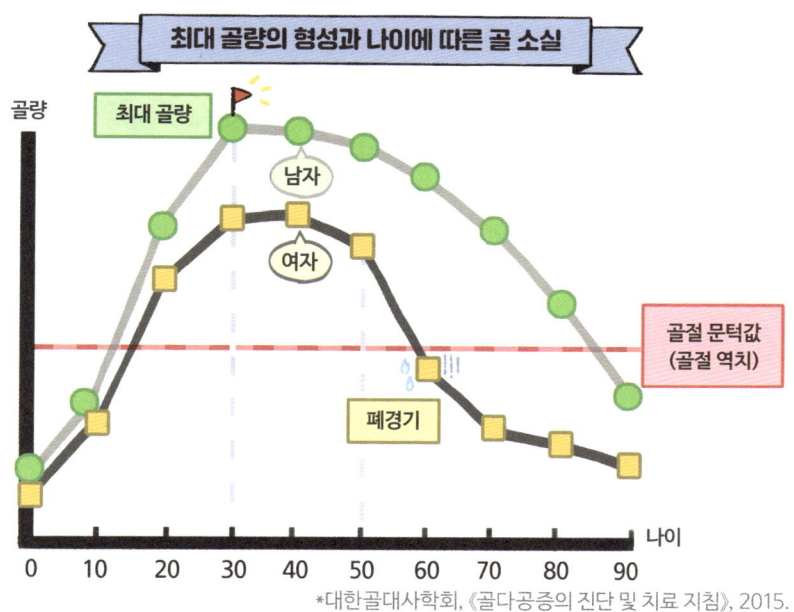

*대한골대사학회,《골다공증의 진단 및 치료 지침》, 2015.

모든 사람이 노화의 영향으로
골다공증을 겪을 확률이 높지만,
폐경 이후의 여성은 더욱 높은 것이다.

남성에 비해 약 30% 가벼운 뼈대 + 폐경 후
(뼈와 관계가 깊은) 여성호르몬이 감소하면서
뼈의 성분이 급격하게 빠질 수 있다.

여기서 뼈마디를 아파하는 누군가를 떠올린 당신에게
울프의 법칙을 한 번 더 꺼내본다.

빡센 환경에 적응시켜 더 튼튼하게 만들 수도 있다는 뜻이다.

많은 전문가가 근육뿐 아니라 뼈를 위해서도 '무게 드는 운동'을 추천하는 이유이다.

운동으로 근력과 균형 유지 능력 등을 높이면 넘어짐으로써 발생하는
골절을 '예방'할 수 있다.

*운동은 전문가와 상담 후 안전하게!

이상적인 노년기를 맞은 작가의 모습

그래도 아쉽다면 종종
'한 발로 서기'를 해보세요.

평형감각을 단련하는 것도
넘어짐으로 인한 골절을 예방하는
방법 중 하나라고 합니다.

으아 으으아

눈 감으면
난이도 UP!

모니터 보며 한 발로 서기

30대 중반 즈음까지는 골밀도의 최대치를 높일 수 있다고 하니
아직 시간이 있는 분들은 중량운동과 다양한 활동을 통해
골밀도를 바짝 땡겨놓는 게 좋다.

뼈 생성세포

영끌 영끌 영차 영차

칼 슘 전 자

제발!!!

쉬면서 보는 해부학 칼럼

이런 골절, 저런 골절

본문에 나온 골다공증(요즘 말로 뼈엉성증)은 뼛속이 엉성해지는 심플한(?) 상태로, 그 자체가 심각한 병은 아니라고 여겨지곤 합니다. 눈에 보이는 질환만큼 '실시간으로 큰일 난다!!' 하는 기분은 잘 안 드니까요. 하지만 과하게 엉성해진 뼈는 아주 작은 충격에도 쉽게 영향을 받아서, 뼈가 부러지는 '골절' 확률이 올라가게 됩니다.

'골절'은 뼈가 충격으로 인해 물리적인 손상을 입은 상태로, 살면서 한 번은 겪거나 보게 되는 흔한 부상입니다.

요즘은 팩트 폭력으로 인한 정신적 골절(?)이 늘었다던데, 이쪽은 아직 자료가 부족하지만, 다행히 물리적 골절은 자료가 많으니 몇 가지 유형으로 모아서 보여드립니다.

피부 상태

폐쇄성 골절 — 피부는 멀쩡~ +완전골절

개방성 골절 — 열렸지만 딱히 오픈 마인드는 아닙니다~

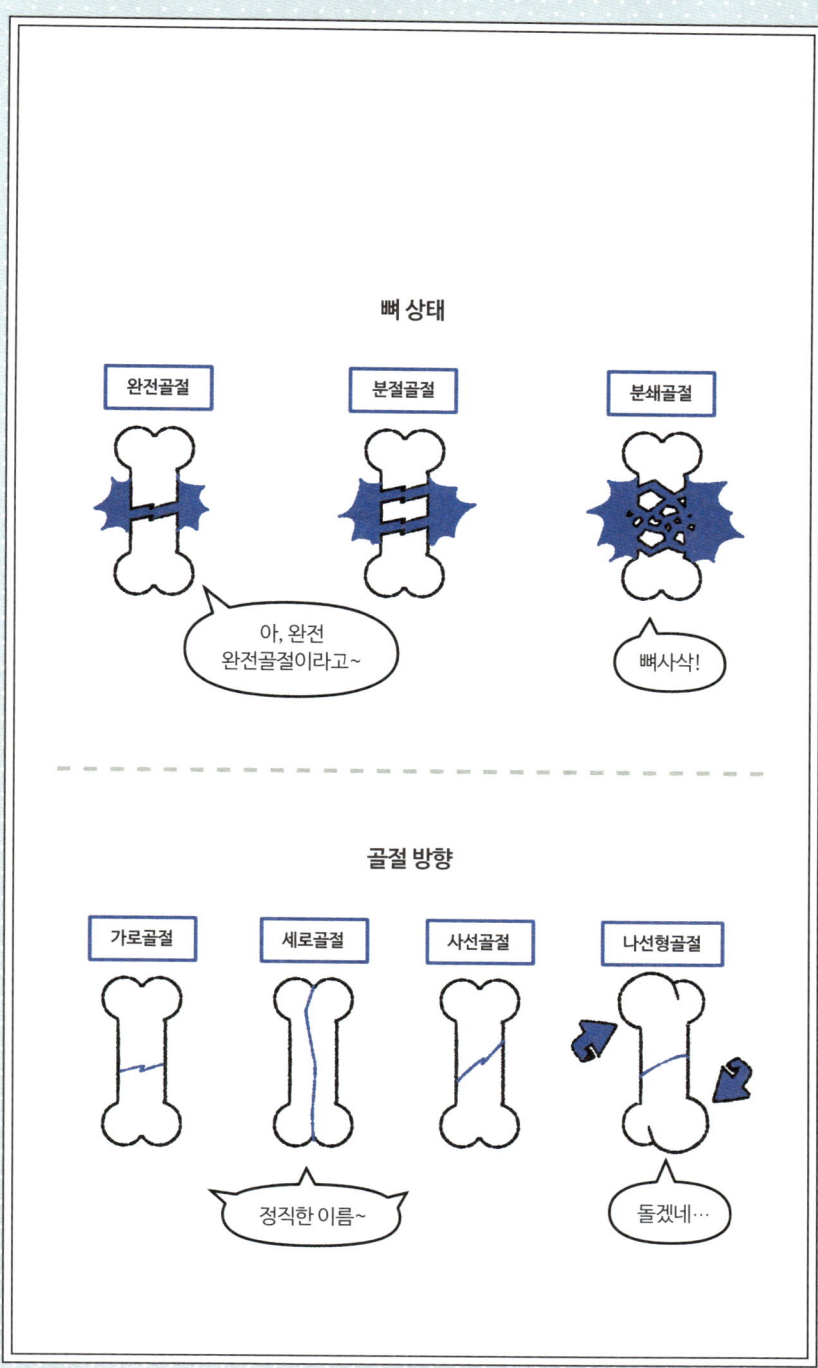

2화

연골의 편지

: 관절

*일러스트의 패러디를 허락해주신
〈연의 편지〉 조현아 작가님께 감사드립니다.

관절은 '뼈와 뼈가 만나는 부위'를 뜻한다.

뼈는 대체로 '연결되어' 있으므로
몸은 '관절로 이루어져 있다'고 봐도 무방하다.

내가 다 관절이라고?

ㅋㅋ

네, 사실입니다.

손가락뼈 사이관절

손허리 손가락관절

이왜진ㄷㄷ

손목 손허리관절

손목뼈 사이관절

손목 관절

관절 중에는 우리가 흔히 아는, 당연히 관절인 곳이 있고

의외로 관절인 곳도 있다.

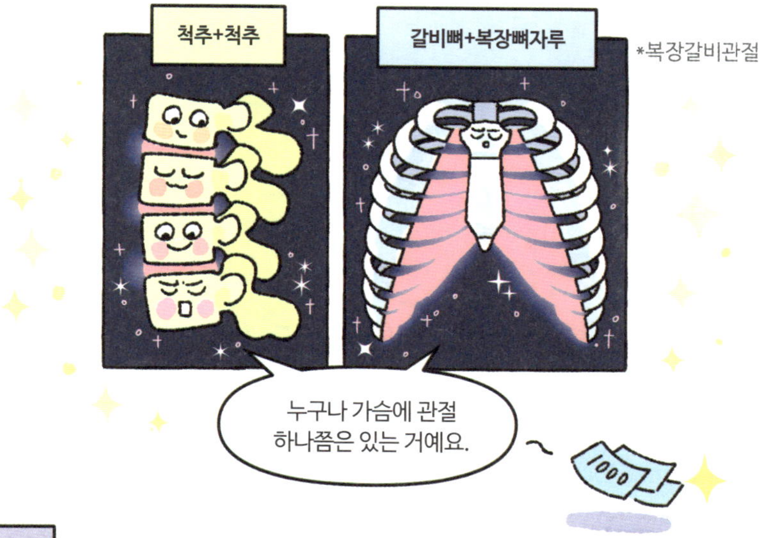

관절은 '얼마나 움직이는가'에 따라 크게 세 종류로 나눌 수 있다.

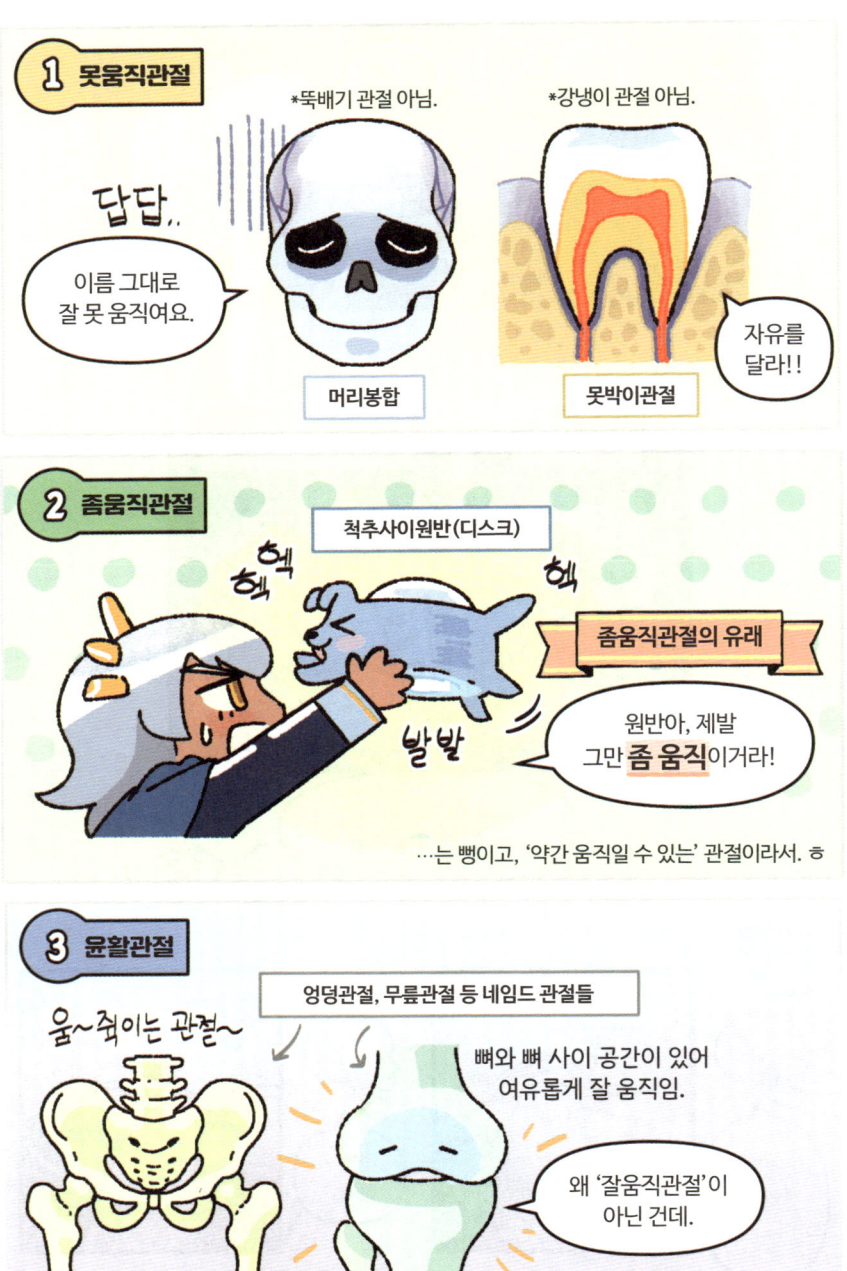

연골은 근육이나 내장과 달리 혈관이 거의 연결되어 있지 않아 혈색이 없고 하얀빛을 띤다.

연골은 혈액 대신
'윤활액'에서 영양분을 얻는데
그리 풍족하지는 않다.

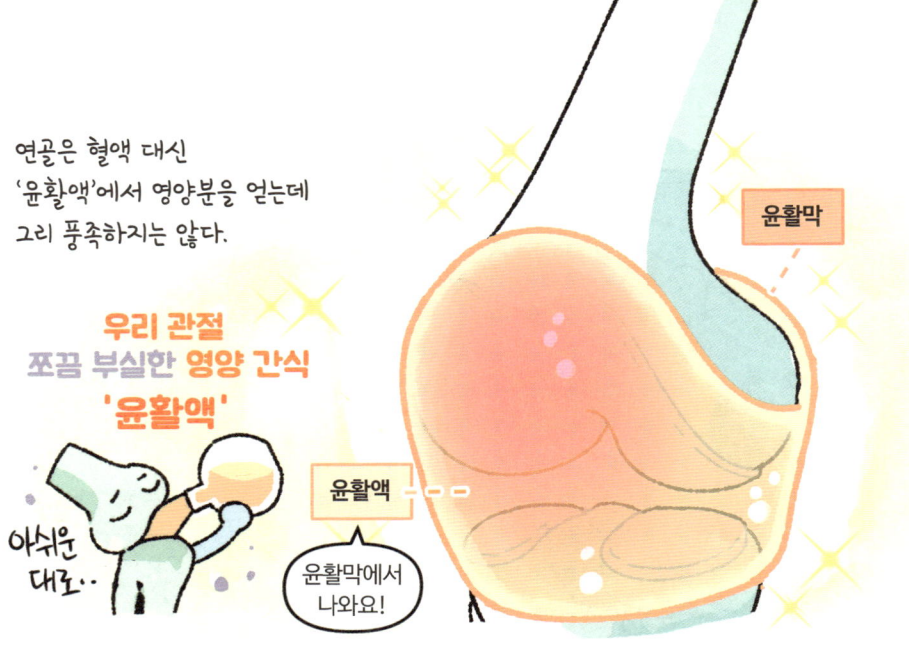

추가로 혈액에서도 영양분을 얻는 연골이 있기는 하지만

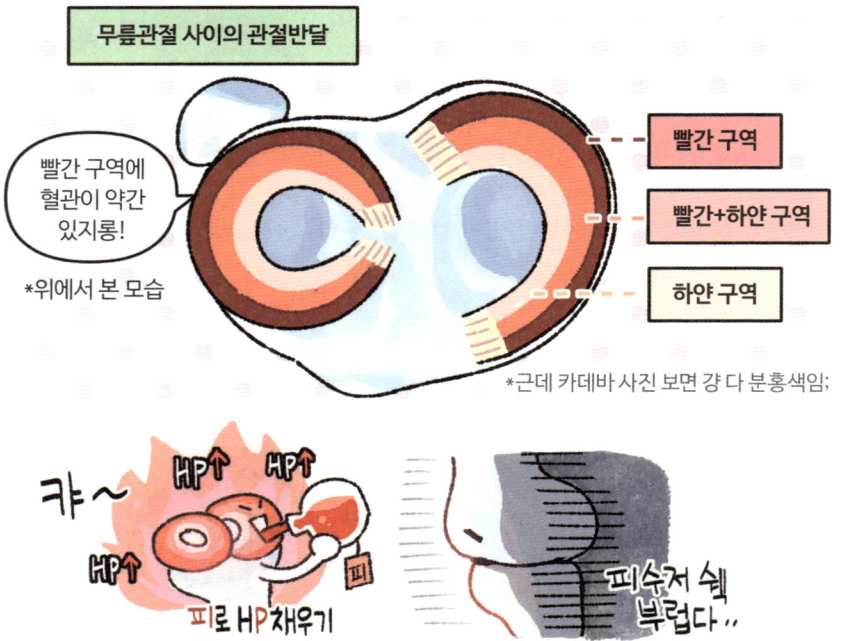

혈관이 없는 대부분의 연골과 인대는
다치면 회복하는 데 더 많은 시간이 필요하다.

그렇다고 윤활액을
마냥 얕볼 필요는 없고

관절이 좋아하는 걸로 살살 구슬려서 잘 활용하면 된다.

그리고 관절이 좋아하는 게 또 있는데…

'ROM'은 '관절 운동 범위'의 약자로

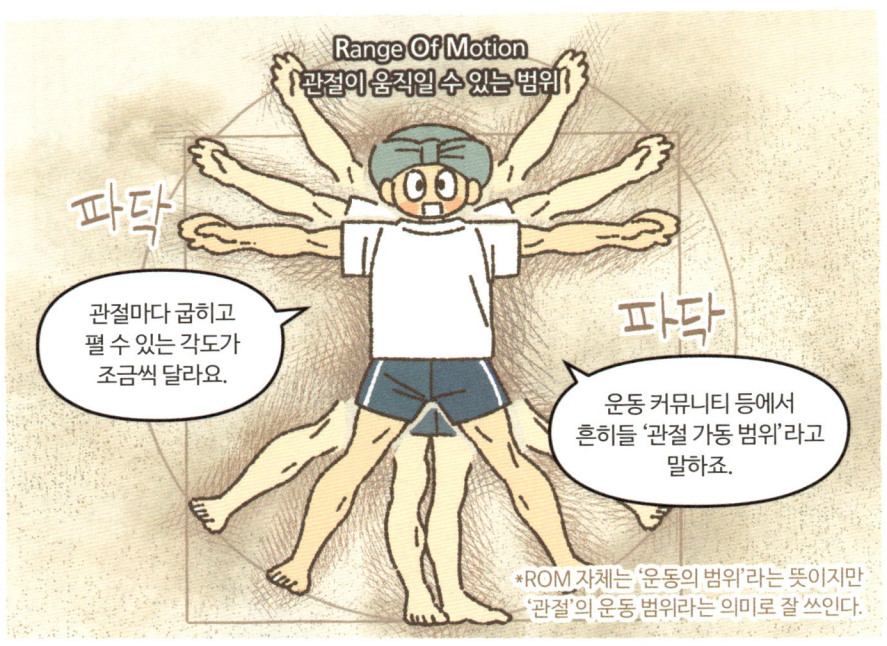

관절마다 움직일 수 있는 이 범위를 적절히 사용해주지 않으면
여러 가지 영향을 받아 범위가 줄어들 수도 있는데

그 영향으로 다른 관절이 '대신 더 움직여서' 운동을 하면
결국 어딘가 무리가 가고, 이게 길어지면 탈이 날 수도 있다.

관절의 운동 범위를 관리하는 가장 쉬운 방법은 스트레칭이다.

다치지 않는 범위에서 가볍게 걷거나 스트레칭해주면
당신의 관절도 아주 좋아할 것이다.

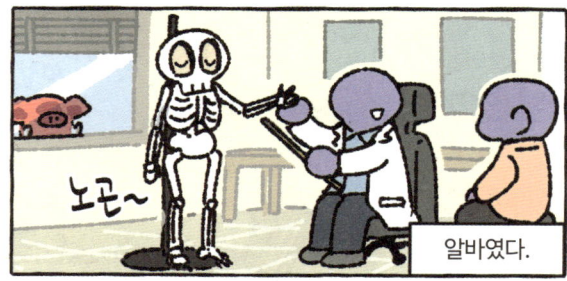

쉬면서 보는 해부학 칼럼

뼈에 뼈 잡고
: 개별 관절 개념

몸을 분석하는 여러 시각 중 '특정 관절이 일차적으로 해야 하는 일'을 단순하게 보는 개념이 있습니다. 마치 팔등신 캐릭터를 귀여운 꼬마 캐릭터로 만들 듯, 관절이 하는 입체적인 일을 아주 단순하게 바라보는 것이죠.

'개별 관절 개념(Joint By Joint Concept)'이라 불리는 이 개념에서는 관절을 오직 2가지, '잘 움직이는 것(가동성)'과 '안정적인 것(안정성)'으로 나누고, 이 두 성향의 관절이 번갈아 이어진다고 표현합니다.

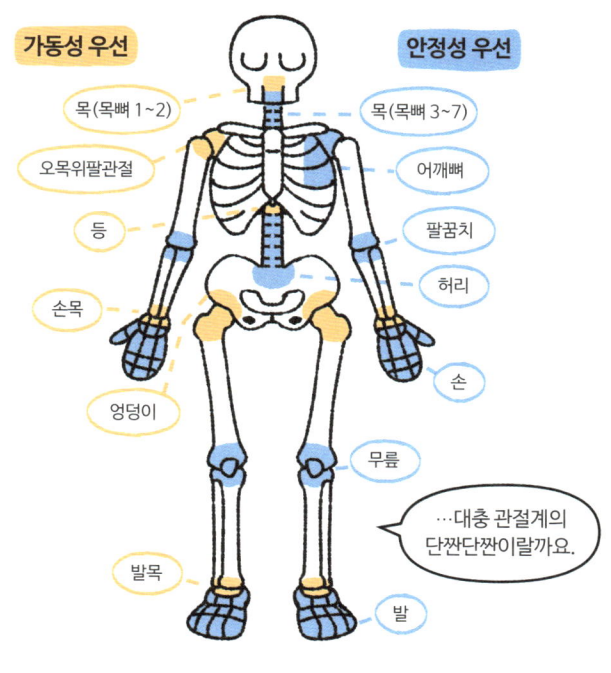

…대충 관절계의 단짠단짠이랄까요.

이 개념은 어떤 관절이 '성향에 맞는 역할'을 충분히 못 했을 때, 근처에 있는 관절이 '땜빵'을 한다고 봅니다. 일명 '보상작용'이라고 불리는 것이죠. 예를 들어, 잘 움직여줘야 하는 '발목'이 뻣뻣해 덜 움직이는 상황이 됐습니다. 몸은 효율적으로 바로 위에 있는 '무릎'에게 조금 더 힘을 내서 땜빵해달라고 합니다. 무릎은 안정적이어야 함에도 정반대되는 역할을 대신하는 것이죠. 이런 '대타 출동'이 반복되면 그 관절에 탈이 날 확률이 높아질 겁니다.

  이렇게 2가지 성향의 관절은 함께 일하기도 하고, 무리해서 서로를 보완하려고도 합니다. 그러니 한 부위를 볼 때 근처에 있는 관절과 그 특성을 생각하면 더 좋다는 것이죠.

  그런데 혹시나 싶어 덧붙이면, 다들 알다시피 '흑백논리'로 '세상'을 모두 설명할 수는 없습니다. 하나의 우주인 '몸'도 '하나의 개념'으로 설명할 수 없고요. 복잡한 걸 단순화한 개념이라면 더더욱 그렇습니다.

  그래서 이런 개념은 후추 같은 '향신료'로 활용하면 좋을 것 같습니다. 전문가가 만든 '요리'를 대신할 수는 없지만, 살짝 뿌리면 요리가 더 먹음직스러워질 테니까요.

근육의 기본 소양 중 하나로 '수축'을 꼽을 수 있다.

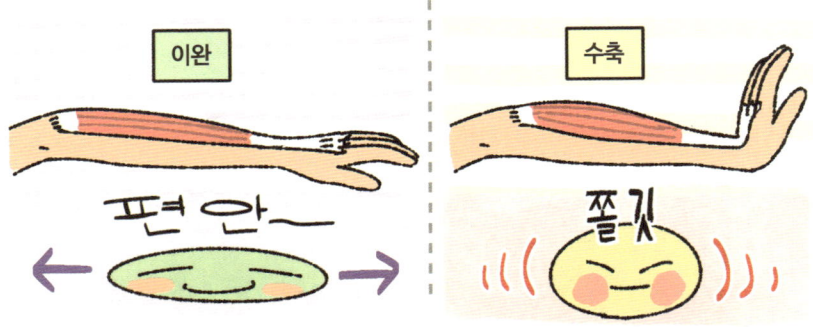

24시간 이뤄지는 호흡에 근육의 '수축'이 꼭 필요하고

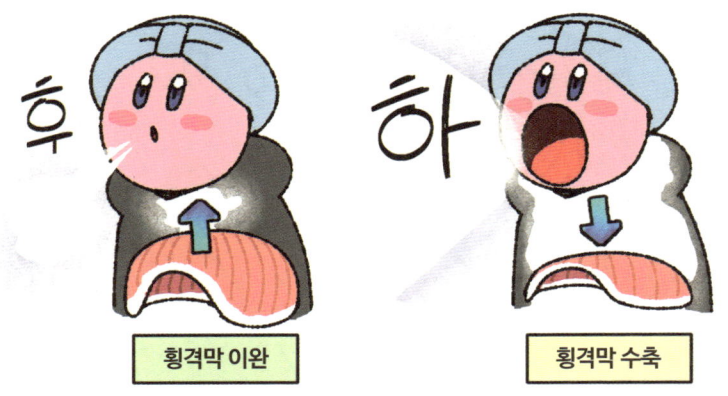

중력을 이기며 움직이고 자세를 유지할 때도
근육의 '수축'이 필요하다.

2021.07.27 03:15 스크랩 0

중력의 법칙 때문에
내 팔이 자꾸 아래로 떨어지잖아.
뉴턴, 이 개새끼.

이런 근육 수축은 근육을 분류하는 기준이 되기도 한다.

쌍둥이 근육 공주 소개 타임

프린세스 레드

느리게 수축하는 붉은 근육

아쉽게도 3배 빠르진 않고...

느긋-하지만 오래 일하는 게 특기예요. 후후.

*'지근' 혹은 '적근'이라 불린다.

이 근육이 붉은 이유는 모세혈관이 발달했기 때문이다.

산소

미오글로빈

킁킁

산소는 내 삶의 에너지♥ 혈액에서 더 받으려고 혈관도 많이 만들었어요.

스읍... 하... 스읍... 하...

'붉은 근육'은 안정적으로 공급받을 수 있는 산소를
주요 '에너지원'으로 쓰기 때문에

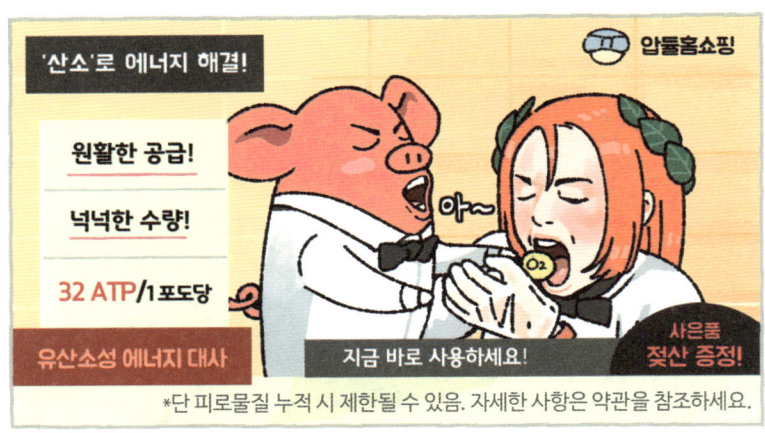

한 번에 큰 힘을 쓰는 데는
약한 대신, 적당한 힘을
오래오래 낼 수 있다.

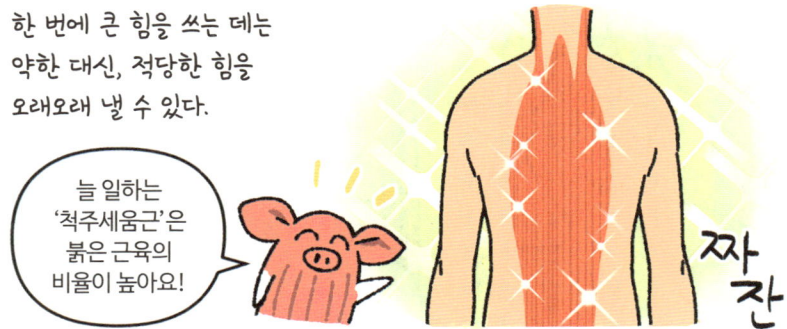

하지만 근육 섬유 자체가 가늘어서 운동을 해도
아주 커지지는 않는 편이다.

그리고 또 한 명의 근육 공주

프린세스 화이트

빠르게 수축하는 하얀 근육

닭가슴살
=하얀 근육

난 짧고 굵게 일하는 게 특기야.

참고로 힘 짱 쎔!

연방의 하얀 악마 처럼

*'백근' 혹은 '속근'이라 불린다.

이 근육이 하얀 이유는 모세혈관이 '덜' 필요하기 때문이다.

에너지는 이렇게 가지고 다니다가 바로 꺼내 먹는 게 최고지!

저장해둔 에너지원

ATP 크레아틴 등등

근데 요거 다 먹으면 급 지침.

붉은 근육과 반대로
근육 섬유 자체가 굵고,
운동을 통해 더 굵게
만들기도 좋다.

참고로 붉은 근육을 '1형', 하얀 근육을 '2형'이라고 부르고

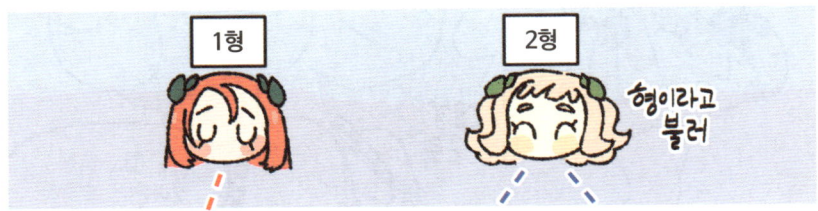

'2형'인 하얀 근육이 2개로 나뉘며 총 3가지가 되는데

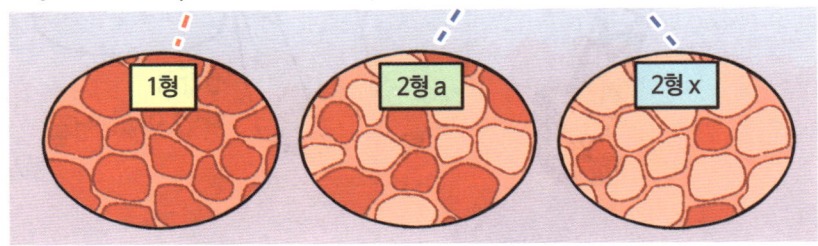

두 근육을 포함한 정도에 따라 나눈 것이니
대충 이런 느낌으로 보면 편하다.

또한 사람 그리고 근육마다 두 근육을 가진 비율이 다른데,
특히 스포츠 선수가 종목에 따라 극단적인 차이를 보여준다.

마라톤 선수
김인생

인생은 마라톤이다…

띠링

느린 수축 근육 약 90%
빠른 수축 근육 약 10%

단거리 달리기 선수
하니

나애리 이 예쁜 계집애!

띠링

느린 수축 근육 약 30%
빠른 수축 근육 약 70%

운동을 통해 이 근육의 비율을 인위적으로 바꾸는 건
매우 어렵다고 한다.

2형 a → 2형 x

조금이지만 이렇게는
가능하다는 게
현재까지의 의견

그래서 과거 구소련에서는 근육의 비율을 검사해서
올림픽에 나갈 엘리트 선수를 발굴하기도 했다.

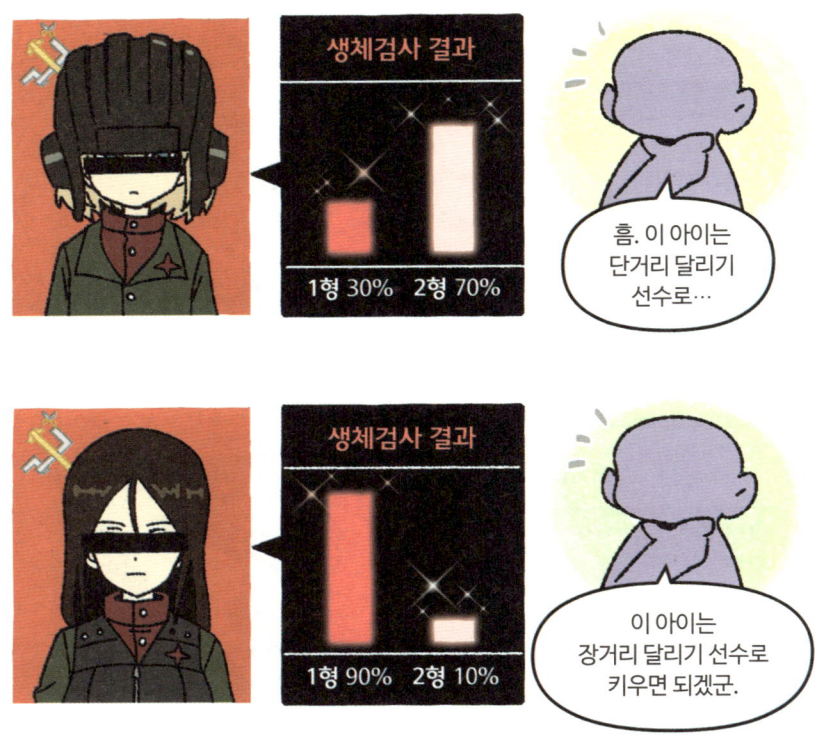

슬프게도 이러한 근육의 비율은 철저히 유전에 의해 결정되는데…

그래도 낙담할 필요는 없다.

근육의 성분 중 대부분이라 할 수 있는 75%는 '물'인데

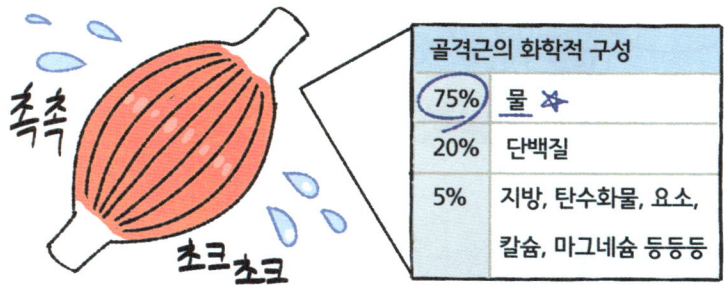

학계의 최신 이론에 따르면

> **사람의 70퍼센트는 물이래.**
>
> 우리 주변 사람들 10명 중 7명은
> 실은 사람 행세를 하고 있는 물이라는 거지…
>
> 15 ⭐ ⬇ 1

장거리 달리기 선수든, 단거리 달리기 선수든, 보디빌더든, 혹은 보통 사람이든, 어차피 인간의 근육은 '물근육'인 것이다.

그러니 누군가가 나를 물로 봐도 이해하도록 하자.

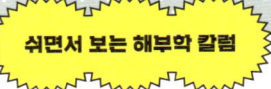

근육의 옷

혹시 배추김치 많이 먹는 편인가요? 자주 먹는다면 배춧잎의 겉을 감싸는 '얇고 투명한 막'을 본 적이 있을지도 모릅니다. 생각보다 질겨서 김치를 끊어 먹을 때 방해가 되고는 하지요.

김치처럼 빨갛고 하얀 '근육'에도 이런 '막'이 있습니다.

근육의 겉 부분을 감싸는 '근막'이라는 것이죠. 단순히 근육을 감싸는 '포장지' 이상의 역할을 하는 조직으로, 근육마다 탄력 있는 쫄쫄이 옷을 입고 있다고 생각하면 됩니다. 탄력이 풍부한 섬유층으로 이뤄져 있어서, 근육이 늘어나면 함께 늘어나고, 근육이 수축하면 함께 수축하는 스마트한 옷이죠.

이 옷은 부위에 따라 '결'이 있는데, 어떤 곳은 복잡한 결을 '동시에' 갖고 있기도 합니다. 이 결의 방향에 따라 근육의 움직임을 억제하거나 보조하며, 마치 AI 프로그램처럼 다방면으로 근육을 도와줍니다. 뼈가 다소 정적이면서 든든하게 몸의 형태를 유지한다면, 근막은 훨씬 활발하게 여러 동작을 보조한다고 할 수 있지요.

그런데 제가 왜 갑자기 근막 얘기를 하냐면… 이번 화에 등장한 신 캐릭터 썰을 풀고 싶어서 그렇습니다.

원래 '근육 캐릭터'는 이전 책인 《까면서 보는 해부학 만화》에 등장할 뻔했지만, 이런저런 이유로 이제야 나왔습니다. 원안과 많이 달라졌지만 '근막에서 모티브를 딴 의상'이라는 요소만큼은 '그리스풍 옷'으로 쌍둥이 공주님이 계승했지요.

    두 공주님은 원형이 된 '적근과 백근'만큼 '대비'되도록 빚었는데, 느껴지셨나요? 예를 들면 성격은 두 근육의 수축 속도 차이를 참고하고, 머리카락은 각 근육섬유의 굵기와 똑같이 만들었습니다. 근막은 적근과 백근을 가리지 않으니, 이런 두 사람의 옷도 비슷하지요.

    그런데 슬슬 "그래서 새로운 여왕은 언제 나옴?"이라고 묻는 목소리가 들리는 것 같습니다. 조금 더 있어야 나오는데, 이 만화는 스토리가 없으니 이렇게나마 여러분이 좋아하는 고구마를 준비해봤습니다. 사이다 맛은 보증하니 재밌게 마저 돌격해주세요.

동양은 '해부학'이 자라나기엔 빡쎈 환경이었다.

옛날 일부 국가에서
해부는 학문이 아니라
심한 '형벌'이었는데

얼마나 끔찍한 벌로 생각했냐면…

이번 화는 해부학이 동양에서 피 땀 눈물 흘리며 발전해온 기록이다.

4화

먼나라 해부학 이웃나라 해부학

: 동양의 해부학 역사

고대 인도에서 '해부'는 종교법으로 금지된 행위였다.
하지만 어느 시대에나 '용자'는 존재하는 법…

수수루타는 약간의 오류는 있지만 당시로서는 굉장히 귀한
근육, 관절, 신경 등에 대한 지식을 남겼다.

경전 코란에 의해 해부가 금지된 중세 페르시아에서도
역사에 길이 남을 용자가 나타난다.

이븐 시나는 말도 안 되는 사기캐로

한마디로 굉장히 굉장한 천재였다.

이븐 시나는 왕궁 서고의 책을 모조리 외울 정도로(!) 공부하고
또 많은 경험을 한 끝에 백과사전식 의학서 《의학정전》을 만든다.

《의학정전》은 이슬람과 로마, 그리스, 중국, 인도의 의학까지
폭넓게 참고해 만들어 선구적인 지식이 넘쳐났고

출간 후 의학이 쇠퇴한 유럽으로 건너간 이 책은
약 600년간 가장 중요한 의학 교과서로 읽힌다.

한편 비교적 근처에 있는 중국에서도 의학과 해부학이 서서히 발전하고 있었다.

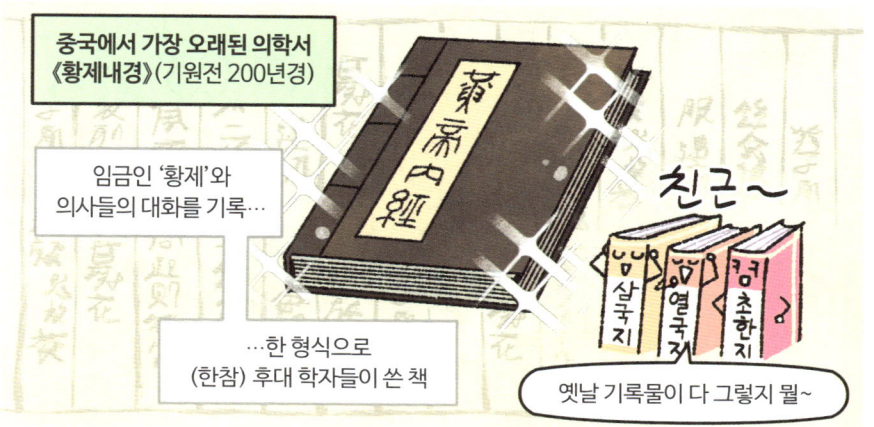

황제는 중국의 건국 신화에 등장하는 군주이자 신으로,
우리나라로 치면 단군 같은 존재인데

이 책에서 그 유명한 '오장육부'가 처음 등장한다.

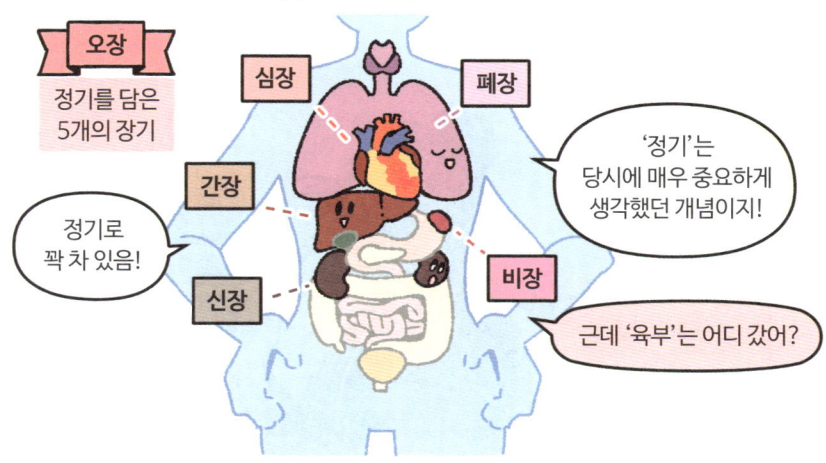

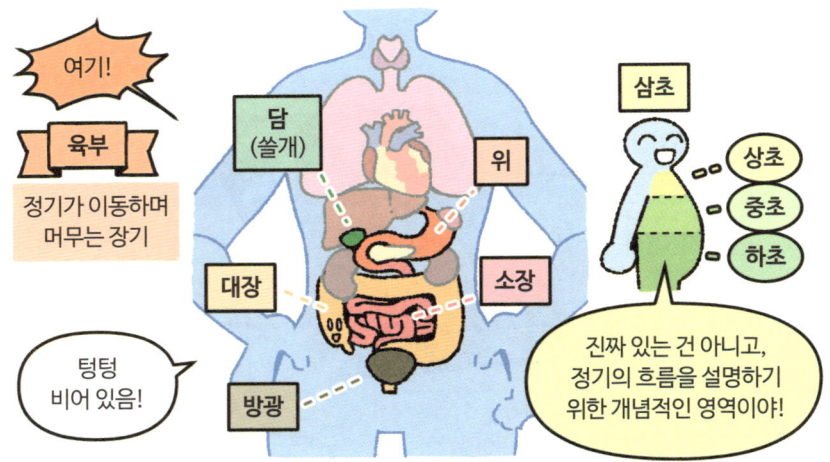

전설 속 인물을 주인공으로 삼은 책이라
마냥 허황된 내용이 아닐까 생각할 수도 있지만…

동아시아 최초로 사람의 몸을 열어 살펴보는 의미의 '해부'라는 말을 사용

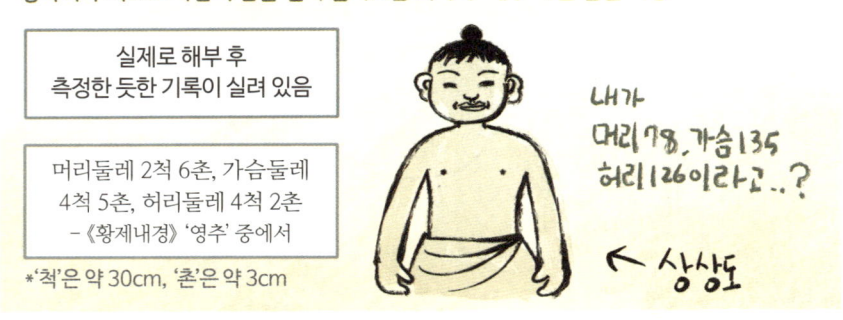

또 다른 전설적인 인물이
이런 해부학의 바턴을
이어받는다.

《삼국지연의》에서 마취약 없이 관우의 팔을
수술한 것으로 묘사된 그 화타이다.

관우의 일화에는 등장하지 않지만, 기록에 의하면 '마비산'이라는
마취약을 사용해 다양한 외과수술을 했다고 전해진다.

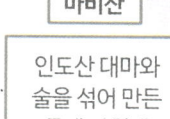 

참고로 두통을 앓는 조조에게 수술 방법을 설명하다가 죽었다.

*핑계를 대고 조조의 진료를 거부했다가 들켜서 죽었다는 버전도 있음.

화타가 사체를 해부했다는 기록이 있긴 한데,
이후로 1천 년은 더 지나야 해부에 관한 이야기가 다시 역사에 등장한다.

53

시간이 흘러 청나라가 세워지고, 이때는 공자와 유교의 영향으로
죽은 사람의 몸일지라도 해부하면 사형을 당했다.

해부에 뜻이 있는 의사 왕청임은
우연히 전염병으로 죽은 사람들의 몸을 관찰하게 되는데

이렇게 얻은 해부학 지식과 의사로서 42년간 쌓아온
경험을 담아 《의림개착》이라는 의학서를 낸다.

당시 큰 논란을 일으키며 본격적인 해부학 바람을 일으킴.

이렇게 발전하는 중국의 해부학에 한 외국인 선교사가
더욱 박차를 가하게 되고

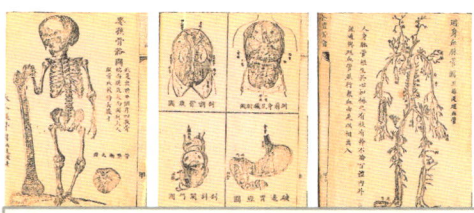

덕분에 의사뿐 아니라 일반 지식인에게도 알려지며
사회적인 관심을 받게 된다.

놀라울 만큼,
그 누구도 관심을 줬다.

무야호~

이 외에 19세기 중국 해부학을 대표하는 또 다른 두 권의 책은,
같은 '외국 책'을 일부분 번역한 것인데

'그 책'이 바로…

올타임 레전드, 킹갓제네럴 해부서인 《그레이 해부학》···!

그리고 해부학 발전의 바턴은 이 《그레이 해부학》으로 수업을 하는

한 의대생과 교수의 이야기로 다시 넘어간다.

또·해·만 극장

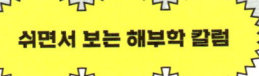

어째서인지 신경 쓰이는 이븐시나

본문에 나온 의학자 이븐시나는 의학 역사에서 매우 중요한 위인입니다. 함께 거론되는 인물이 의학의 아버지 히포크라테스, 의사들의 왕자 갈레노스이니 말 다했죠. 이 라인업에 끼다니 역시 저희 '압둘라' 가문 사람답습니다. (저는 압'둘'라지만, 아무튼요.)

무려 10대 초반부터 '거의 모든 학문'에 관심을 가졌고 그 분야가 자연과학, 논리학, 기하학, 수학 그리고 철학, 법학까지 닿았다고 합니다. 저는 그 나이 때 뭘 하고 있었나 생각하면… 음… 엄… 당당합니다. (에반게리온 엽서를 모으고 있었습니다.)

또 다양한 학문을 탐구한 뒤 책도 썼는데, 의학 관련 43권, 철학 관련 24권, 물리학 관련 26권, 신학 관련 31권, 심리학 관련 23권, 수학 관련 15권, 논리학 관련 22권, 코란 해석 관련 5권(아이고 숨차라)과 기타 여러 논문을 냈다고 합니다. 지금 기준이지만 비교적 젊은 나이인 58세에 사망한 점을 생각하면 부지런히 다작한 것으로 보입니다. 저는 이제 두 번째 책인데, 엄청난 노력을 해야 압둘라 가문의 이름에 누를 끼치지 않을 것 같군요.

이븐시나가 쓴 276권의 책 중 가장 유명한 것은 본문에도 나온 《의학정전》입니다. 《의학규범》이나 《의학전범》이라고도 불리는데 대충 '의학의 법칙'이라는 뜻으로 생각하면 됩니다.

이 책은 이븐시나 이전 최고의 의학자인 '갈레노스가 만든 개념'과 '아리스토텔레스의 철학'에 바탕을 두고 있습니다. '의학서에서 웬 철학?'이라고 생각할 수 있지만, 그는 의학자인 동시에 철학자였습니다. 스콜라 철학을 대표하는 토마스 아퀴나스에게 큰 영향을 끼쳤을 정도죠. 사람의 생명을 다루는 입장에서 얻은 고찰과 그가 공부해온 철학이 《의학정전》에서 조화를 이룬 것이 아닐까 조심스럽게 추측해봅니다.

이븐시나가 《의학정전》으로 남긴 해부학 지식은 유럽 의학을 1천300년간 지배한 갈레노스의 업적을 능가하며 축적된 정보를 보존하고 발전시켰습니다. 그 결과 암흑기를 맞은 유럽 해부학계에도 도움을 주게 되죠. 그래서 12세기부터 17세기까지 세계 여러 대학에서 의학 교과서로 애용되었고, 심지어 아직도 읽힌다고 합니다. 참고로 저도 전국에 계신 교수님들의 연락을 기다리고 있습니다.

작년에 이븐시나와 이름 외에 다른 점도 닮고 싶은 마음으로 《의학정전》 중 한 권을 구했습니다. 성서의 힘으로 곧 지능 스탯이 오를 예정이니, 여러분, 딱 대고 기대하십시오.

전통적으로 한국, 일본, 중국은 몸에 상처를 내는 '수술' 대신
생리학적 '기능의 회복'을 중요하게 생각했고,
자연스레 해부학을 멀리하는 문화가 만들어졌다.

—라는 인식이었음.

그럼에도 불구하고 해부학의 씨앗을 뿌린 사람들이 있는데,
특히 한국과 일본의 해부학은 '근성'으로 시작되었다고 해도
과언이 아니다.

옛날 동아시아를 지배한 '오장육부설'에
의구심을 품은 의사가 있었다.

그는 소속된 번*의 우두머리인 번주에게 허락을 받아,
일본 최초로 사형수를 해부하며 직접 확인해보기에 이른다.

*번: 행정구역 단위

*실제 해부는 사형장 소속 직원이 하고 도요는 참관함.

이 결과물로 나온 해부서 《장지》는 의사들이
해부학에 더욱 관심을 가지는 계기가 되는데

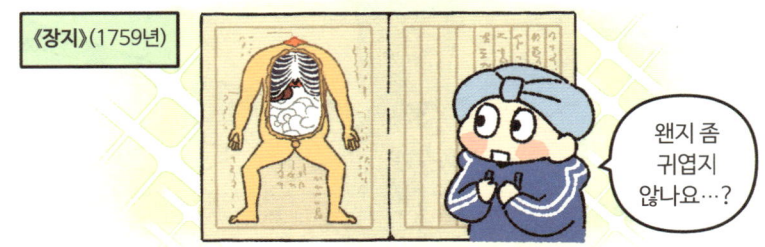

이번엔 이 《장지》에 의문 가진 의사가 나타난다.

그가 어렵사리 손에 넣은 서양 해부서 《타펠 아나토미아》와
《장지》의 그림이 제법 달랐기 때문이다.

*겐파쿠도 오바마 번 소속임.

때마침 귀한 해부 참관을 할 기회가 와서 겐파쿠와 몇몇 사람이 함께 가는데,
이곳에서 운명적인 만남이 기다리고 있었으니…

해부 참관에 초대한 동료 의사 마에노 료타쿠도
같은 책을 가지고 있던 것.

료타쿠는 네덜란드 의학에 관심이 많아 네덜란드 상인이 모이는
나가사키 항구에 '유학'까지 갔다 왔는데, 거기서 직접 구한 책이
《타펠 아나토미아》였다.

책과 비교하며 해부를 참관해보니 놀랍게도 책의 내용이
모두 사실이었다. 이들은 의학의 발전을 위해 함께
《타펠 아나토미아》를 번역하기로 한다.

하지만 세 사람에게는 문제가 하나 있었는데, 그것은…

이렇게 몇 달 만에 처음으로 번역에 성공한다.

약 3년 반 뒤인 1771년 3월, 일본 최초의 서양의학 번역서인 《해체신서》를 출간한다.

처음으로 서양 책 완전 번역에 성공한 사례이기도 함.

근성으로 완성한 책인 만큼 많은 인기를 끌었고, 일본의 해부학 발전에 큰 역할을 한다.

한편 옛 한국도 여느 아시아 국가와 마찬가지로 해부를 꺼리는 문화였던 탓에…
조선시대 해부 이야기는 딱 하나만 전해진다.

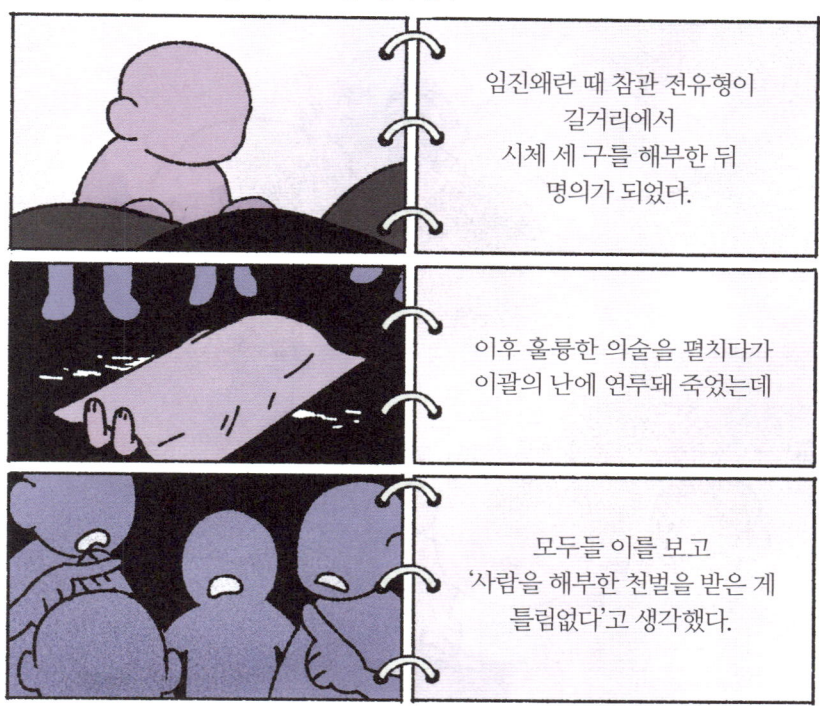

좋은 의도였어도 '해부는 천벌 받을 일'이라는 당시 인식이 드러나는 이야기.

시간이 흘러 1893년. 한국 최초의 서양식 병원인 제중원의 의사 양성을 위해 설립한 제중원의학당에 한 캐나다 선교사가 선생님으로 온다.

그는 더 나은 수업을 위해 교과서 《그레이 해부학》을
번역하기까지 했는데, 그가 잠시 출국한 사이에
번역본을 맡긴 사람이 사망하고 원고도 함께 사라진다.

에비슨은 다시 한번 학생인 김필순의 도움을 받아
무려 4년에 걸쳐 《그레이 해부학》을 '다시' 번역하는데

두 번째 번역본은 번역이 끝남과 동시에 화재에 휩쓸려 불타버린다.

두 사람은 포기하지 않고, 책을 바꿔 '세 번째 번역'에 도전한다.

하지만 불행히도
이번 시도 역시…

…는 아니고
드디어 출간에 성공한다.

최초의 한글 해부학 교과서
《해부학》

1~3권(총3권). 1906년 제중원

3트 만에 성공했다!!!

《해부학》은 해부학의 역사뿐 아니라 한글의 역사에서도
큰 의미를 지닌 까닭에 관련 전시가 열린 바 있고

개화기 한글 해부학 이야기
'나는 몸이로소이다'
(2018년 국립한글박물관)

(물론 저도 보고 왔습니다.)

지금도 《해부학》 전권을
국립한글박물관 웹사이트에서
받아 볼 수 있다.

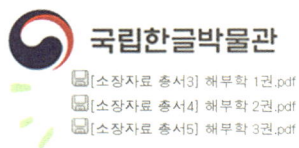

*국립한글박물관 홈페이지 ▶ (상단) 조사·연구 ▶ 발간 자료 ▶ 제목 검색 '해부학'

오늘은 3트 만에 나온 《해부학》을 구경하며
그들의 '근성'을 느껴보는 건 어떨까.

아…
너무
멋지다.

또·해·만 극장

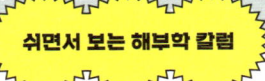

황제가 덕질을 시작했습니다만, 문제라도?
~치트로 만드는 자작 굿즈~

혹시 좋아하는 만화나 게임이 있나요? 좋아하는 작품이 오래오래 인기 있기를 바라지만 대부분의 작품은 그렇지 못하지요. 결국 살아남은 소수의 팬이 스스로 콘텐츠를 만들어 즐기는 '자급자족 덕질'이 뒤를 잇곤 합니다. 저는 〈케모노 프렌즈〉라는 애니메이션을 좋아하는데, 결국 직접 팬아트와 굿즈까지 만들게 되었습니다. '마이너 작품'을 좋아하는 자로서 피할 수 없는 운명이죠.

조금 먼 옛날인 청나라에도 이 운명을 피하지 못한 사람이 있었습니다. 무려 황제인 강희제가 당시 비인기 작품(?)인 '해부학'에 꽂혀버린 거죠. 서양 해부서를 접하는 게 쉽지 않았지만 황제라는 치트키를 써서 '셀프 굿즈'를 제작하기로 합니다. 당시 핫했던 해부서를 번역하기로 한 것이죠. 번역은 선교사 2명에게 맡기고, 해부 그림은 도공에게 직접 주문합니다. 하지만 이 대망의 셀프 굿즈는 강희제의 건강이 나빠지며 제작이 중단됩니다. '덕질도 건강해야 잘할 수 있다'는 교훈은 역시 시대를 가리지 않네요.

무려 30년의 세월이 흐른 뒤, 강희제는 다시 한 신부에게 또 다른 해부서 일부를 번역하게 합니다. 30년간 아낀 덕력을 불태우듯, 문장가와 화가, 도공 등 전문팀을 꾸리고 직접 내용 편집에까지 관여하는 화력을 보여줍니다. 장장 5년의 작업 끝에 1720년 《격체전록(格體全錄)》이라는 책이 탄생하는데, 셀프 굿즈답게 딱 4권만 제작됐고, 본인 소장본 외에 3권은 각각 궁중 서고와 별궁, 파리 왕립과학아카데미에 보관했다고 합니다.

저는 셀프 굿즈는 아니지만 만화책을 감상용, 소장용, 영업용으로 3권씩 장만한 적이 있는데, 강희제를 보니 이런 게 덕후의 습성일지도 모르겠습니다.

그런데 그가 《격체전록》을 '나의 작은 해부학' 굿즈로 소장하는 데 그치지 않고 널리 퍼트렸다면…? 어쩌면 해부학이 '인기 학문'의 자리를 선점한 다른 지구가 있지 않았을까요? 다소 아쉬워하는 의견이 있을 법한 부분입니다.

그런 의미로 여러분께 〈케모노 프렌즈〉를 추천합니다. 게임, 만화, 애니가 다 있지만 애니가 제일 좋았습니다. (P.S. 〈케모노 프렌즈 2〉는 비추입니다.)

팔에서 가장 유명한 근육을 꼽자면 역시 '알통'이라 불리는
위팔두갈래근일 것이다.

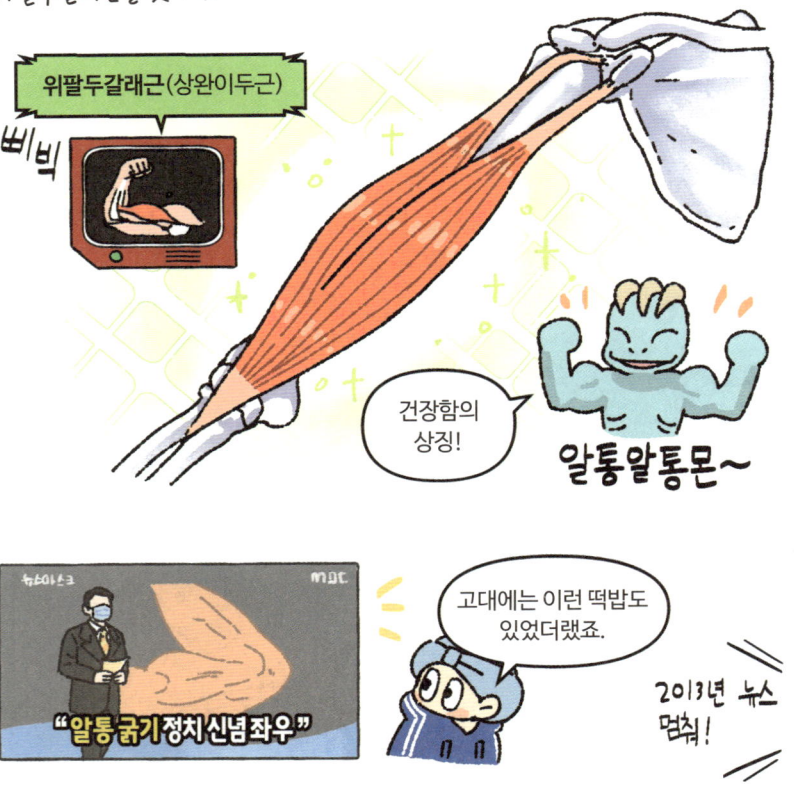

팔꿈치를 굽힐 때 가장 강한 힘을 내는 근육이고
명성에 맞게 근육을 키우는 운동으로도 유명하지만

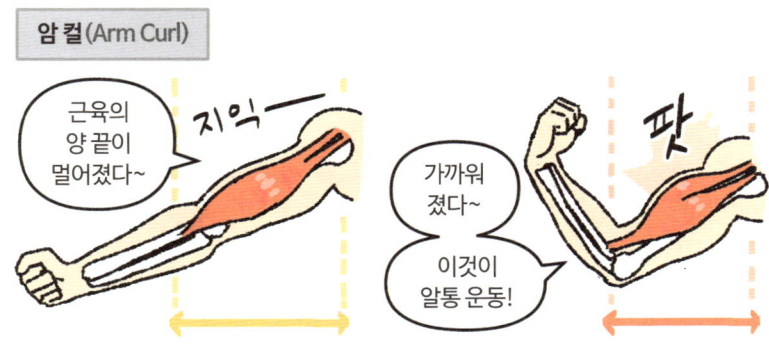

손목을 돌리는 것만으로 힘을 잘 못 쓰게 되는 빈틈(?)도 있다.

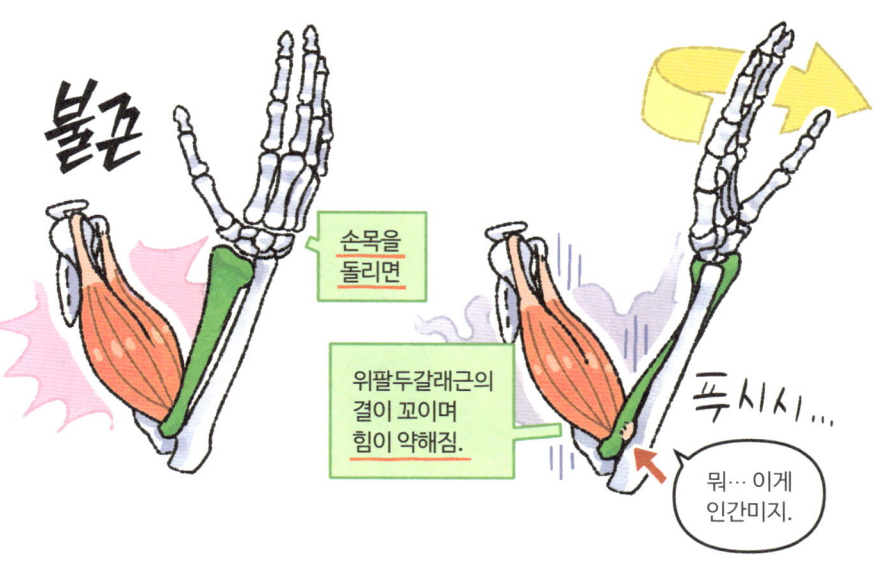

이때 보완 작용을 해주는 게 위팔근인데

아마 많이 생소할 것이다.

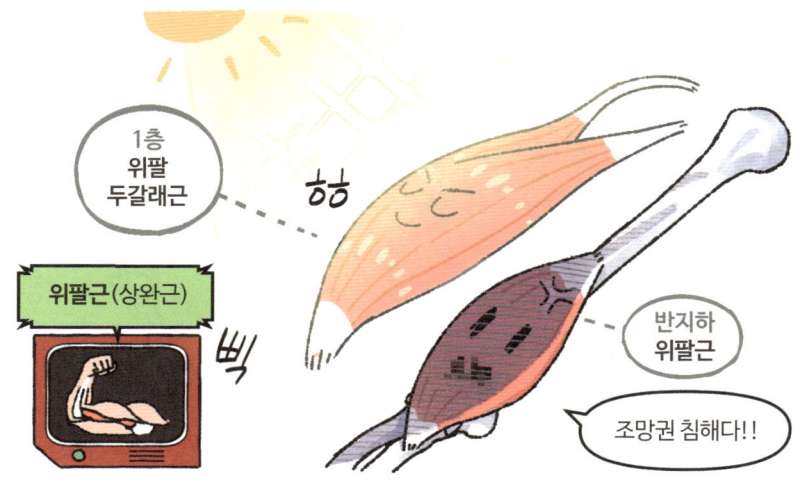

하지만 위팔근은 유일하게 '팔꿈치를 굽혔을 때 손목을 돌려도'
힘을 잃지 않는, 우리 몸에 꼭 필요한 근육이다.

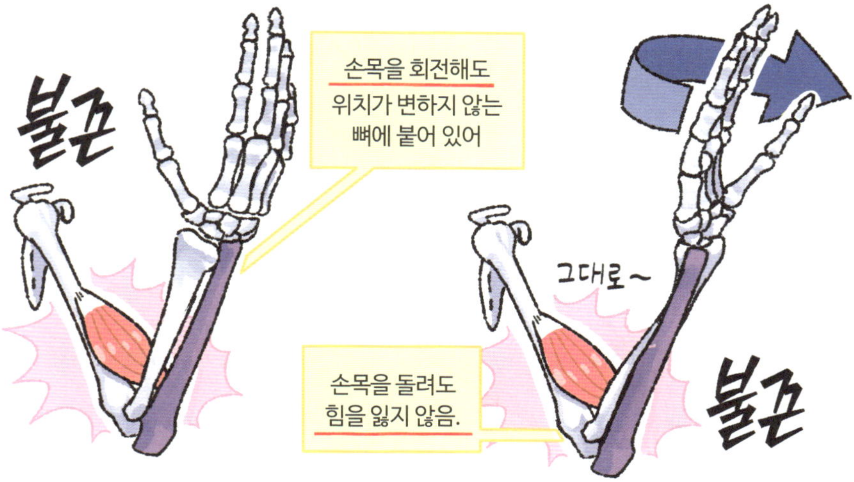

손목을 회전해도
위치가 변하지 않는
뼈에 붙어 있어

손목을 돌려도
힘을 잃지 않음.

그래서 위팔근을 강하게 하는
운동은 요런 동작이 되는 거죠!

리버스 컬 (Reverse Curl)

*물론 이때 위팔근'만' 쓰이는 건 아니고,
위팔두갈래근 등 여러 근육이 함께 쓰임.

하필 뒷부분까지 다른 근육으로 가려져 있어,
어느 쪽에서 봐도 듣보근육이 되는 게 불쌍할 뿐이다.

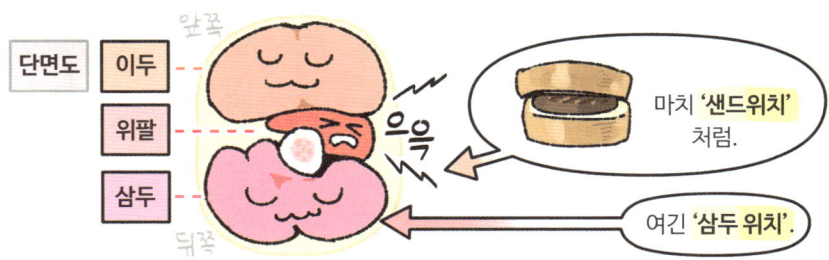

마치 '샌드위치' 처럼.

여긴 '삼두 위치'.

'삼두 위치'가 나온 김에···

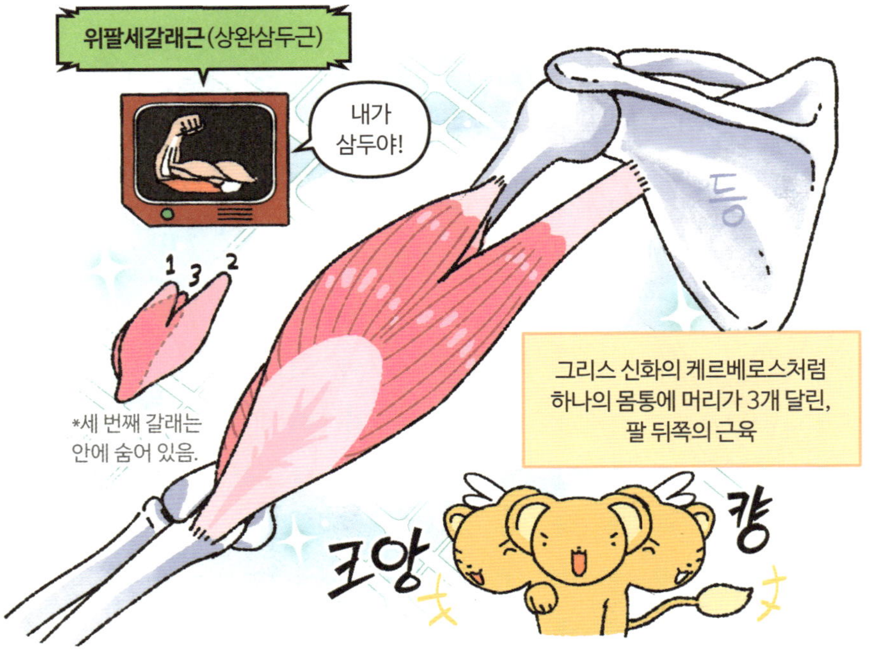

위팔세갈래근(상완삼두근)

내가 삼두야!

1 2 3

*세 번째 갈래는 안에 숨어 있음.

그리스 신화의 케르베로스처럼 하나의 몸통에 머리가 3개 달린, 팔 뒤쪽의 근육

코앙 캬앙

위팔세갈래근은 꽤 크고 두드러져서 눈으로 쉽게 볼 수 있는데

힘줄

주로 '팔꿈치를 펴거나' 뭔가를 '밀 때' 강하게 쓰인다.

'팔굽혀펴기를 천천히' 하면 삼두한테 완전 빡쎄요!

팔꿈치 펴기
+
땅 밀기

효과는 굉장했다!

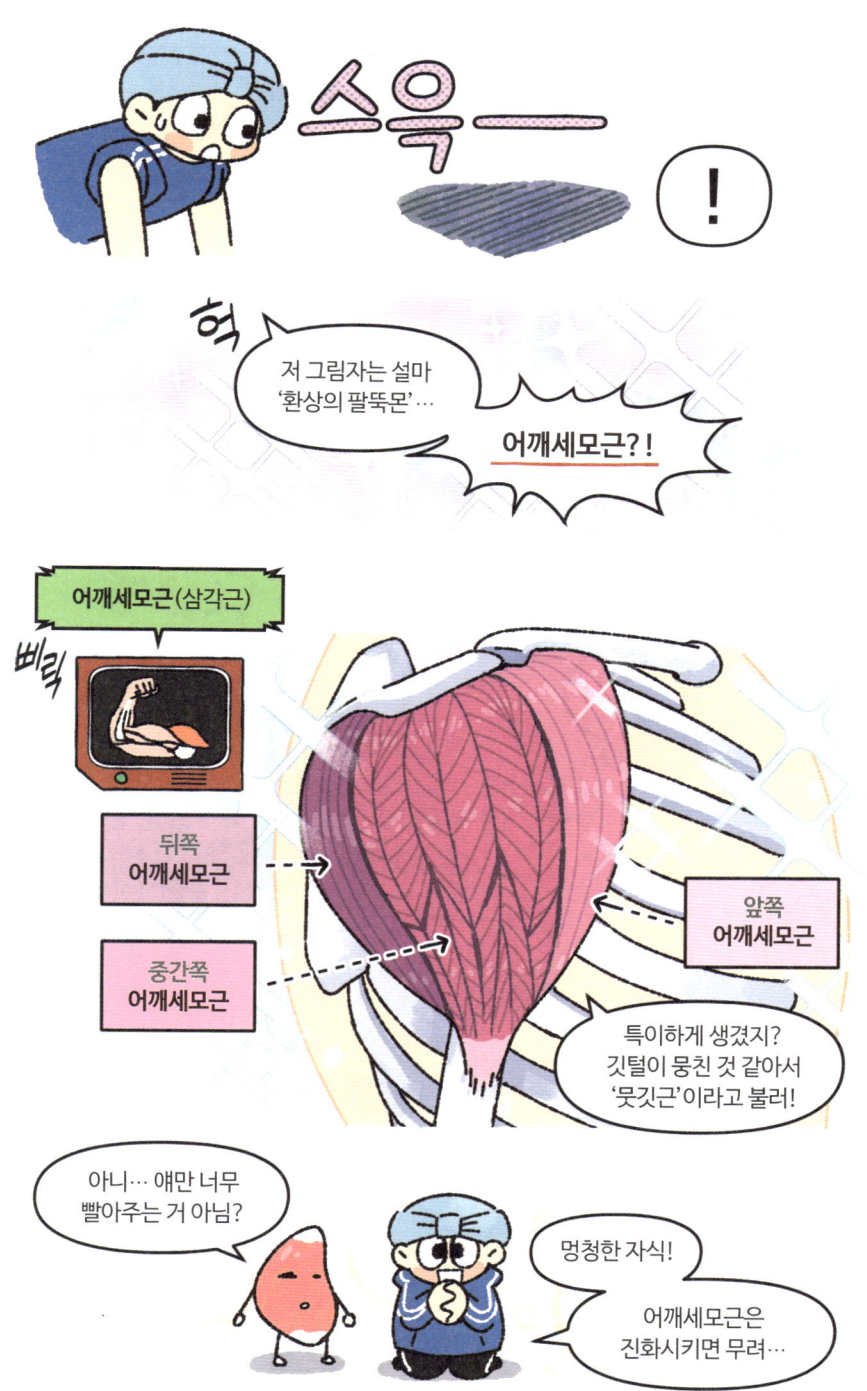

어깨세모근이 커지면 '뽕' 역할을 해 어깨가 넓어 보이게 할 수 있다.

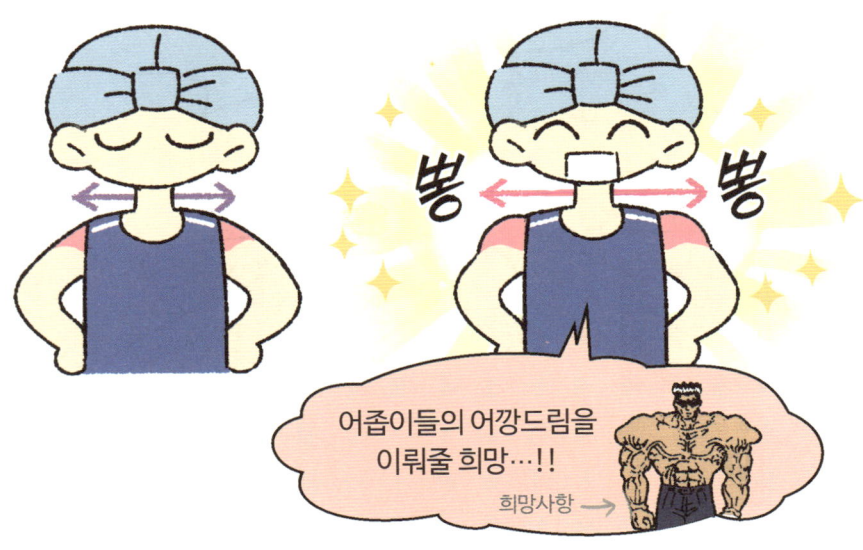

어깨를 앞뒤로 감싸고 있어 꽤 넓적하고

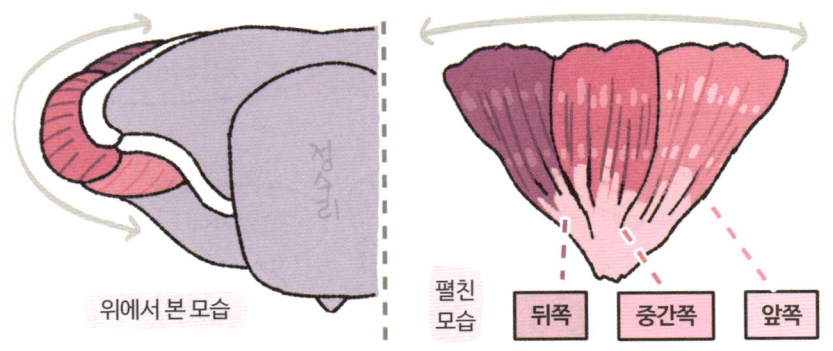

모양뿐 아니라 기능적으로도 '뽕 패드'의 역할을 한다.

이런저런 이유로 헬스장에서 어깨세모근을 조지기 위한
운동을 하는 사람들을 쉽게 찾아볼 수 있는데

하필 이 동작이 부상이 잦은 편이다.

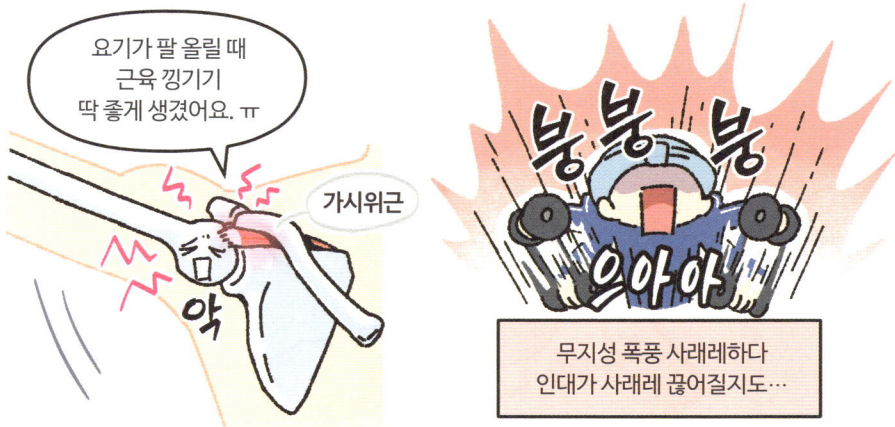

그래서 아직 익숙지 않은 사람은 '적당한 무게로 천천히, 횟수를 적게' 하는 방법도 병행하며 좋은 느낌을 찾아가면 어떨까 싶다.

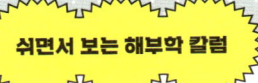

이름하여 부리돌기!

본문에 '위팔두갈래근', 일명 알통 근육이 나왔지요. 위팔두갈래근의 두 갈래 중 하나는 어깨뼈에서 툭 튀어나온 '부리돌기'라는 곳에 붙어 있는데요, 이렇게 특이한 이름이 붙은 이유가 있습니다.

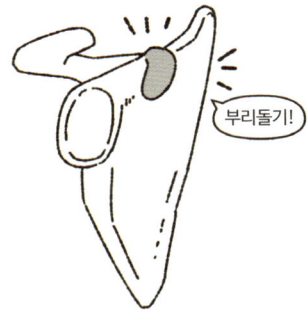

부리돌기!

"흠, 튀어나온 모습이 꼭 길가의 '돌부리' 같아서 '부리돌기'?"라고 생각할지도 모르겠습니다. 하지만 이런 질문이 늘 그렇듯 (열받게도) 이름에 정답이 있습니다. 단, '예전 이름'에 말이지요.

부리돌기의 한자 이름은 '오훼돌기(烏喙突起)'로, 풀어서 말하면 '까마귀 부리같이 생긴 툭 튀어나온 부분'이라는 뜻입니다. 이 '부리'는 까마귀의 부리였던 거죠. 살짝 휘어 있는 모습이 까마귀 부리 같기도 합니다. 그런데 한글 용어로 바뀌며 '까마귀'가 사라지고 '부리'만 남아버렸습니다.

생각해보니 한자 이름으로 번역되기 전, 세계 공통으로 쓰이는 해부학 용어(그리스어+라틴어)도 있었을 텐데, 거기에서는 어땠을까요? 머리 아픈 전문용어가 궁금할 사람은 많지 않겠지만 그래도 궁금해주시면 저의 업

무에 도움이 됩니다.

부리돌기는 원어로 'Coracoid process'인데, 유래를 살펴보면 'κόραξ(까마귀)'와 'eidos(~같은)'가 합쳐진 말이라 합니다. '까마귀 같은 뼈', 그러니까 원래 이름에는 '까마귀 그 자체'가 들어 있던 거죠.

원어에서 한자, 한자에서 한글로 번역되며 [까마귀→까마귀 부리→부리]의 과정을 거치다가 '까마귀'가 사라져버린 셈입니다.

까마귀 입장에서는 굉장히 억울하겠지만, 우리나라 사람이 배울 때는 '부리돌기'가 편하니 어쩔 수 없습니다. 조금 미안하지만, 까마귀는 우리말을 모르니 아마 괜찮겠지요…?

우리 몸에서 강하고 인상적인 근육 3개라면…

위쪽의 넓은등근

중간의 큰볼기근

그리고…

아래쪽으로 큰 알을 지닌 '이 근육'을 꼽을 수 있을 것이다.

: 종아리

우리는 흔히 종아리에 '알'이 있다고 표현한다.

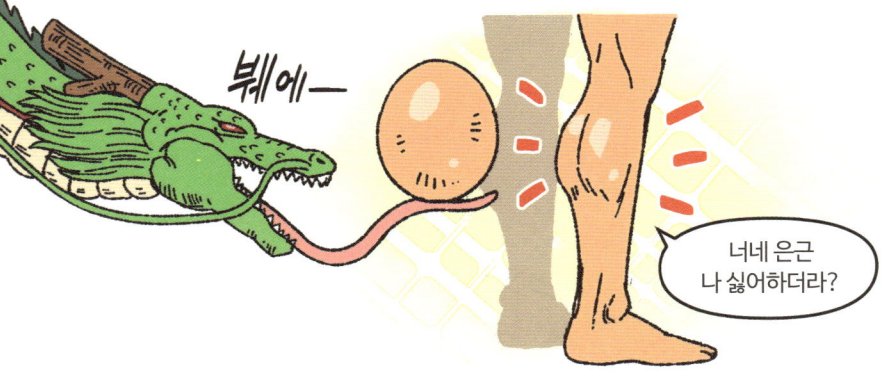

종아리에 자리 잡은 이 '알'은 크고 아름다운 각선미를 만들고

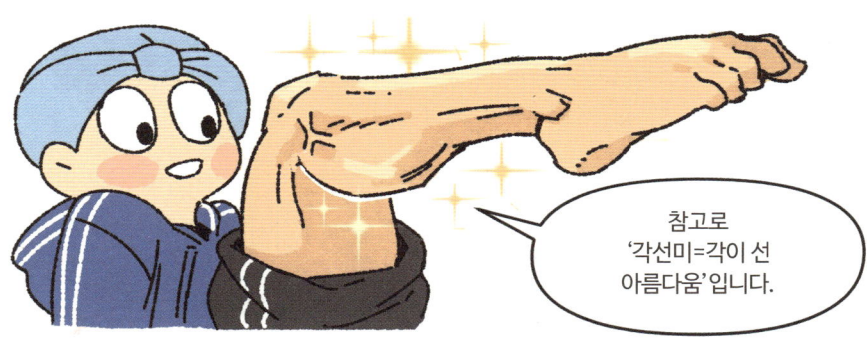

힘이 매우 세다.

특히 뒤꿈치를 드는 동작을
할 때 근육이 수축하며
강력한 힘을 내는데

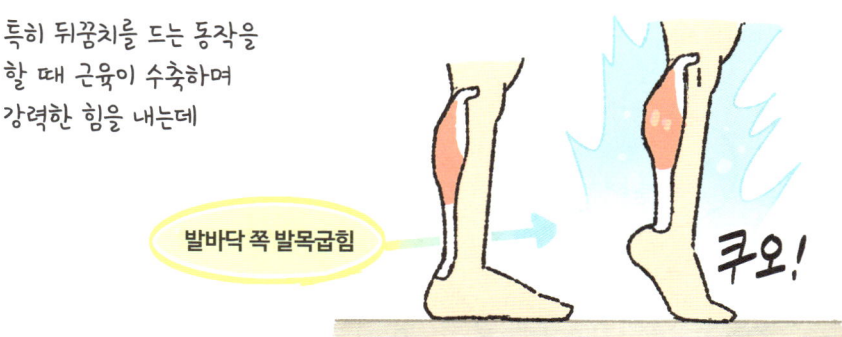

여러 가지 요인으로 이 강한 수축의 힘에 '역습'을 당하기도 한다.

참고로 모 포털에서 '비복근(장딴지근)'을 검색하면

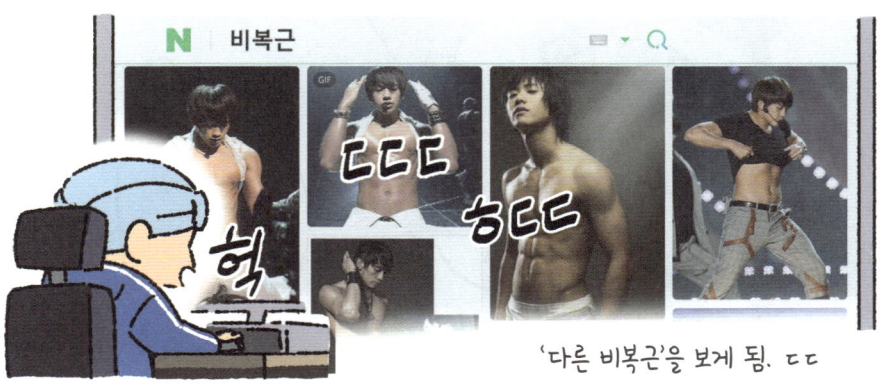

'다른 비복근'을 보게 됨. ㄷㄷ

장딴지근의 바로 아래에는 비슷하면서 살짝 다른 친구가 있다.

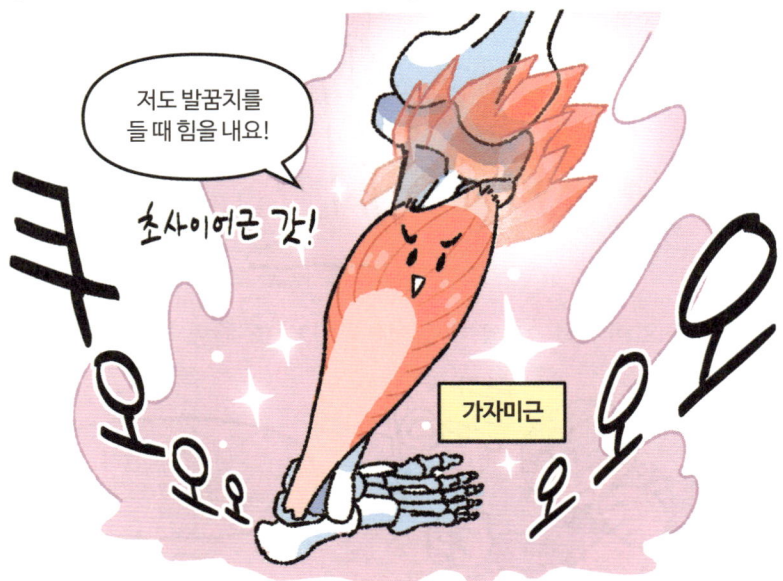

가자미를 닮아서 '가자미근'이라고 부르지만,
실제 가자미는 흰살생선이고 가자미근은 붉은 근육(인 편)이다.

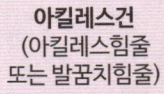

아킬레스 '건' 얘기예요!

아킬레스건
(아킬레스힘줄
또는 발꿈치힘줄)

그리스 신화의
아킬레우스 이야기에서
이름을 따온 발목 힘줄

← - - - - - 물고문 아님

장딴지근과 가자미근은 아킬레스힘줄을 '같이' 쓴다.

그래서 두 근육을 하나로
묶어 '종아리세갈래근'이라
부르기도 해!

…

근데… 그걸 왜
알려주는 거죠?

조물조물 조물조물 조물

잘 생각해봐!

떡밥

펑

안녕~~

그래서 두 근육을 지탱하는 아킬레스힘줄은 엄청 강하고 튼튼하지만, 순간적으로 과부하를 받으면 끊어지기도 한다.

다행히 장딴지근과 가자미근은 어느 정도 나눠서 일하니 일상생활에서는 큰 문제가 없다.

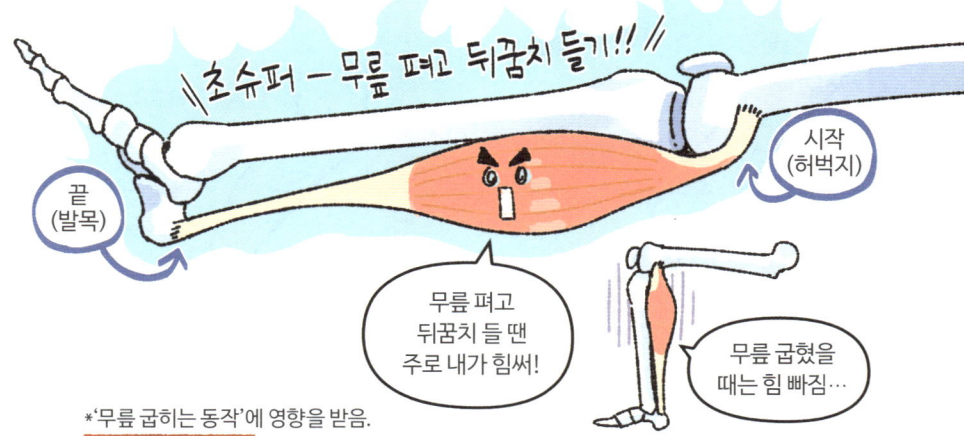

*'무릎 굽히는 동작'에 영향을 받음.

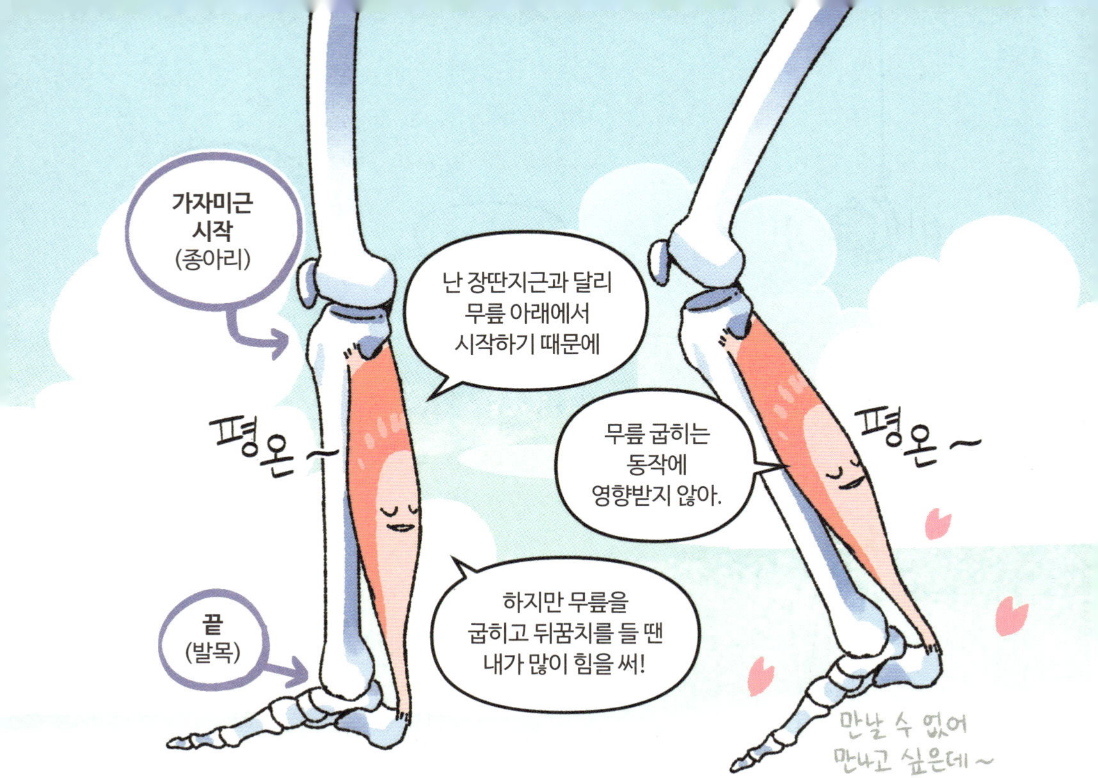

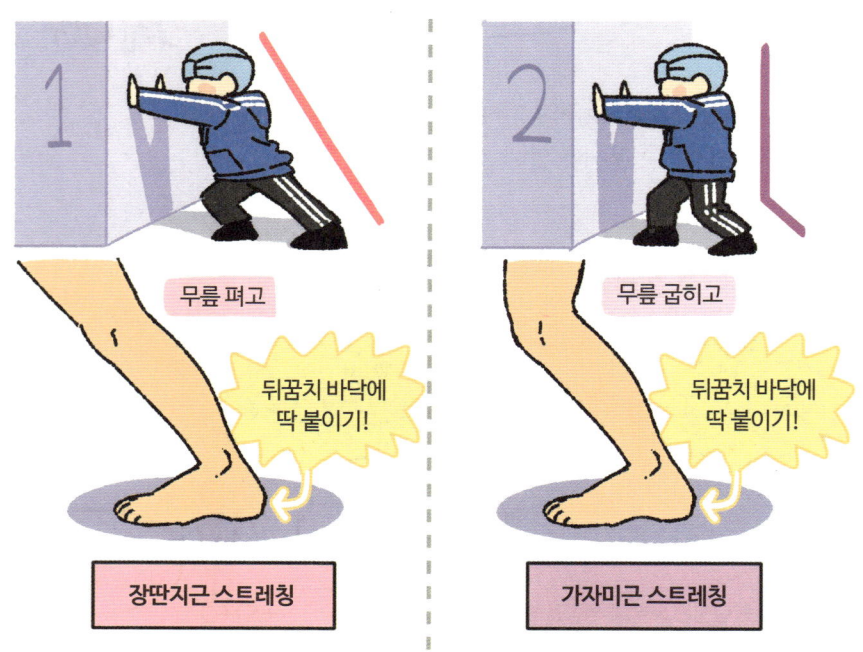

그래서 종아리 스트레칭을 할 때 두 가지 방법으로 하면 더 좋다.

강화 운동으로는 아주 간편한 '이것'을 주로 권한다.

장딴지근은 주변 혈관을 펌프질해 몸 아래쪽의 '혈액순환'을 돕는데

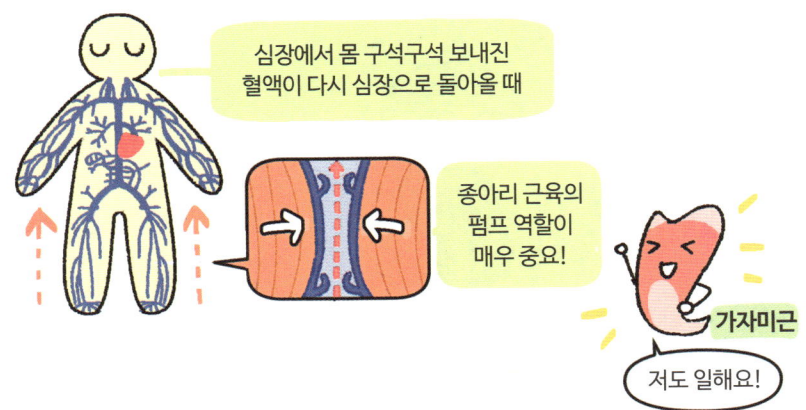

그 역할이 매우 크고 아름다워 '제2의 심장'으로 불릴 정도다.

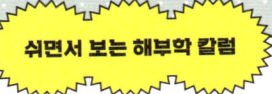

"그 녀석은 우리 중 최약체."

이전 글에서 까마귀 부리와 닮은 '부리돌기'에 위팔두갈래근의 한 갈래가 붙어 있다고 했습니다. 그런데 까마귀가 효율 떨어지게(?) 한 근육만 물고 있는 건 왠지 아까울 것 같지 않나요? 역시 똑똑한 새답게 다른 근육도 '함께' 물고 있습니다.

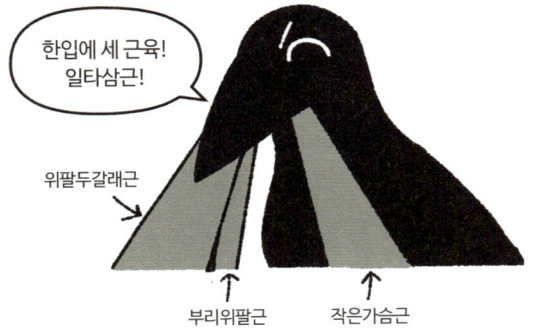

'부리위팔근'은 위팔두갈래근(알통)과 달리 유명하지 않은데, 비교적 작고 겉에서 보기 힘들기 때문입니다. 하지만 일부 사람에게는 제법 큰 존재감을 주죠.

바로 '그림 그리는 사람'에게 그렇습니다.

정답: 부리위팔근

　겨드랑이는 몸 앞, 뒤, 위, 안쪽 근육이 한 번에 드러나는 복잡한 부위입니다. 사실 그림에 따라 생략한다고 엄청 큰일 나는 부분은 아닌데, 이왕 공부하는 거 제대로 하고 싶어서 어찌저찌 한 번은 보게 됩니다. 머리를 쥐어뜯으면서요.

　…혹시 여기 공감하시는 분 있을까요?
　있다면 한 말씀 올리겠습니다.

　아직 '손'과 '발'이 우리를 기다리고 있습니다.
　맘에 드는 얼굴과 포즈 그리는 것도 쉽지 않지만, 그 위에 그릴 '옷 주름'과 '투시'도 잊지 말자…구요… 힘을… 냅시…다, 용사…님…
　(구경하시는 분은 손으로 X를 그려 조의를 표해주십시오.)

세상엔 '뒷목' 잡을 일이 많이 일어난다.

이번 화는 종종 잡는 '목'을 하나의 알파벳으로 풀어보는 이야기다.

목과 알파벳 V는 관계가 깊다.

뒤통수에는 목과 머리를 이어주는 중요한 근육이 있는데

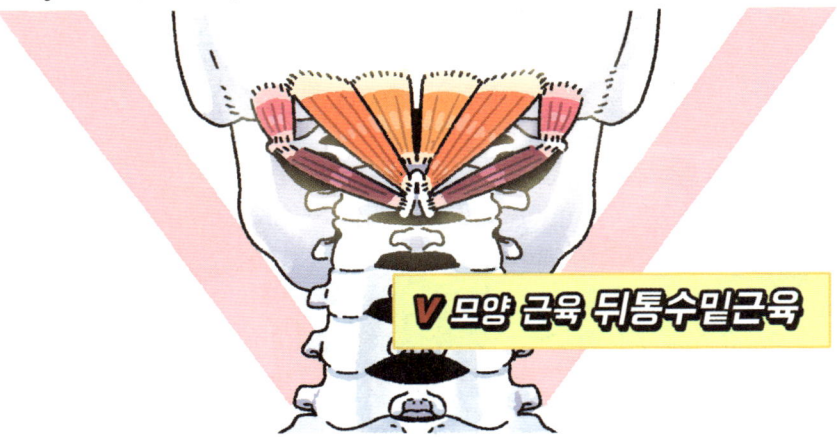

*원래 근육 조각마다 이름이 있지만 대개는 뒤통수밑근육이라고 묶어서 부름.

이 뒤통수밑근은 주로 '고개를 드는 동작'을 할 때 힘을 쓰고

흑화해서 빌런이 되기도 한다.

뒤통수밑근이 빌런이 되면 무서운 이유

첫 번째 '척수'와 연결됨

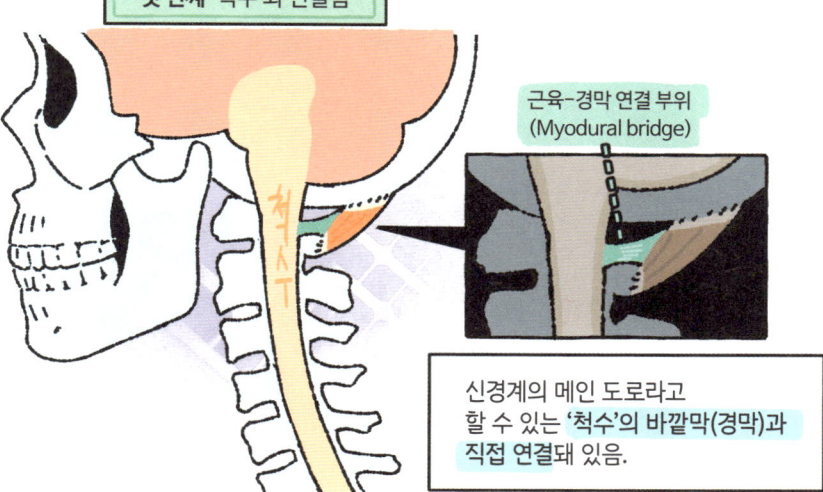

근육-경막 연결 부위
(Myodural bridge)

신경계의 메인 도로라고 할 수 있는 '척수'의 바깥막(경막)과 직접 연결돼 있음.

과하게 긴장할 경우 척수를 자극해, 만성 목 통증을 일으키고 두통에 영향을 끼칠 수 있다고 한다.

두 번째 '머리 위치' 결정

컨디션 GOOD

난 머리를 똑바로 들고 있어!

컨디션 BAD

난 ㅁㅓ리를 똑바로 들GO 있어 ¡

거북목은 머리가 앞으로 쏠려 있는데도 '똑바로 들고 있다고 착각'하는 상태라고 할 수 있음.

근육이 늘어난 정도를 감지하는 센서인 '근방추'를 이용해, 목과 머리의 위치를 기록하고 뇌에 보고하는 '중간 관리자' 역할!

중간 관리자 특) 중요함

뒤통수밑근은 여기서 그치지 않고 '눈'까지 영향력을 뻗친다.

시각 Vision, Visual

ㅋㅋ‥

앙이, 뒤통수랑 눈은 반대쪽에 있는데 그게 말이 됨??

둘의 관계성은 간단한 실험으로 알아볼 수 있다. (같이 해요!)

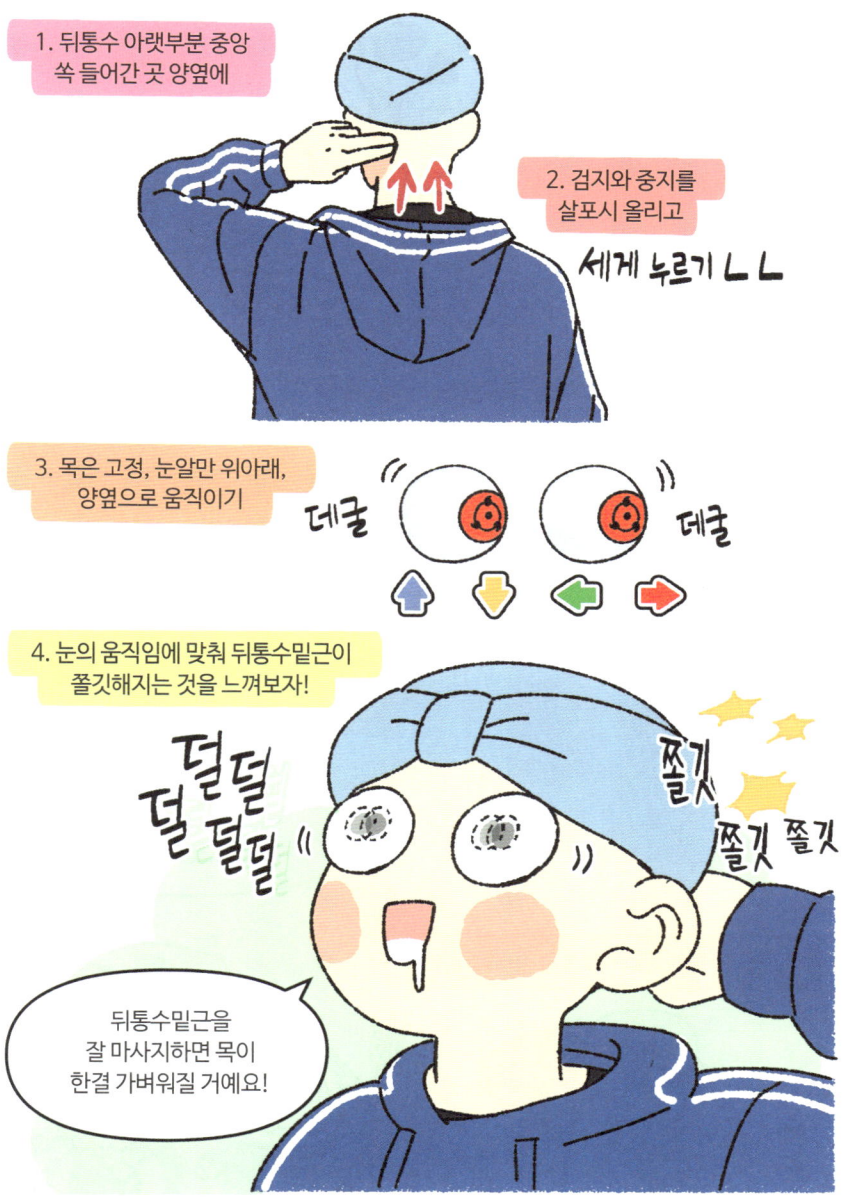

뒤통수밑근과 눈은 둘 다 몸의 균형 잡고
유지하는 데 쓰이므로 연결성을 가진다고 한다.

한편 눈이 있는 앞쪽 목에도 여러 'V 모양'이 있다.

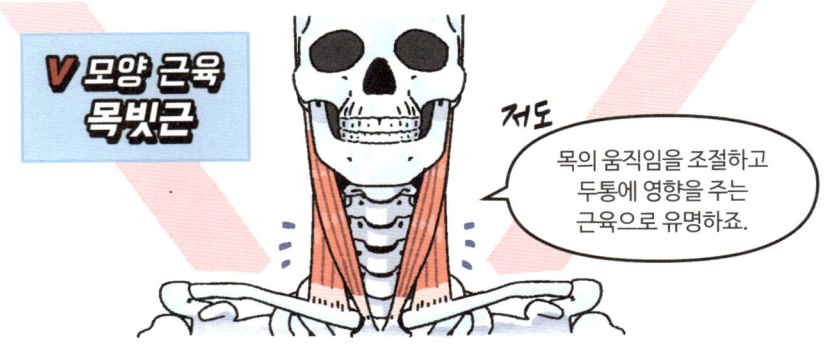

V 모양 근육 목빗근

저도 목의 움직임을 조절하고 두통에 영향을 주는 근육으로 유명하죠.

목빗근 사이에는 V 모양 '뼈'도 있다.

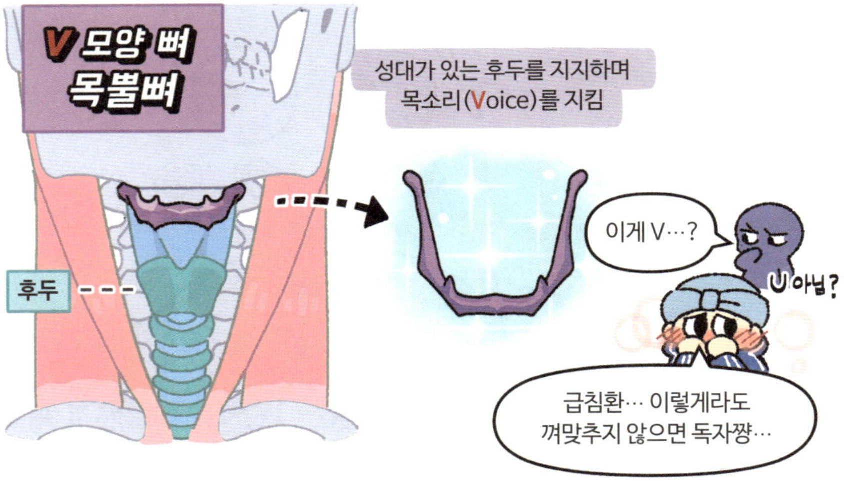

V 모양 뼈 목뿔뼈

후두

성대가 있는 후두를 지지하며 목소리(**V**oice)를 지킴

이게 V…?
U 아님?

급침환… 이렇게라도 껴맞추지 않으면 독자쨩…

'이분들'께는 목뿔뼈가 특히 중요할 듯

가수?

버츄얼 유튜버(**V**irtual youtuber)요.

한편 목뿔뼈는 우리 몸에서 가장 고독한 뼈이기도 한데,
그 어떤 뼈와도 닿지 않고 '혼자 있는 유일한 뼈'이기 때문이다.

그 대신 여러 근육에 연결되어 '떠 있다'.

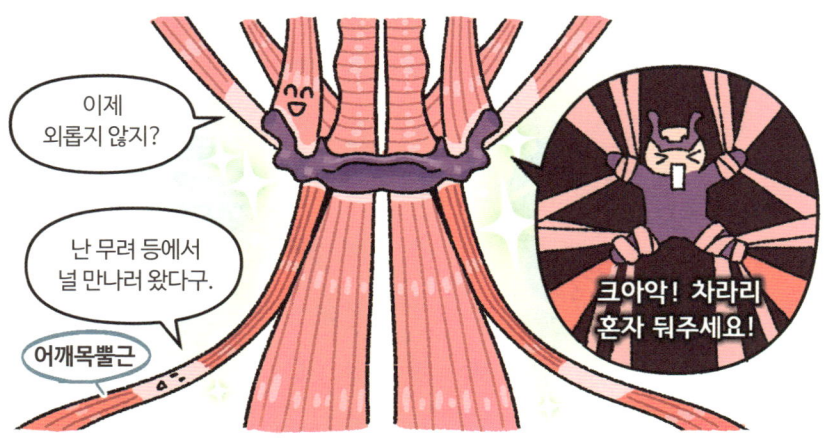

그래서 크기에 비해 '큰 일'을 많이 돕는다.

참고로 사족보행 동물인 '말'은 목뿔뼈의 중요성이 더욱 큰데

목뿔뼈에서 나온 근육이 앞다리에 연결되어
달릴 때 전신에 연쇄적으로 영향을 끼치기 때문.

목뿔뼈와 관련된 근육의 이상은 앞다리의 운동 범위를 제한할 수도
있으므로 시합을 하는 '경주마'에게 특히 중요한 부분이다.

> 쉬면서 보는 해부학 칼럼

다 같이 한숨 돌리기

"머리가 앞으로 가면 목이 받는 부담이 커진다"라는 말을 들어보셨을 겁니다. 목 입장에서 무거운 머리를 받치는 것만 해도 빠듯한데, 안정적인 위치에서 벗어난 머리는 여기에 추가로 힘이나 수고가 많이 들게 한다는 거죠. 이 과정에서 다양한 근육이 부담을 받지만, 목덜미에 있는 근육은 조금 더 무리할 가능성이 있습니다. 이 아이들이 살짝 앞으로 나온 머리를 '뒤에서 잡고 버티고 있기 때문'입니다.

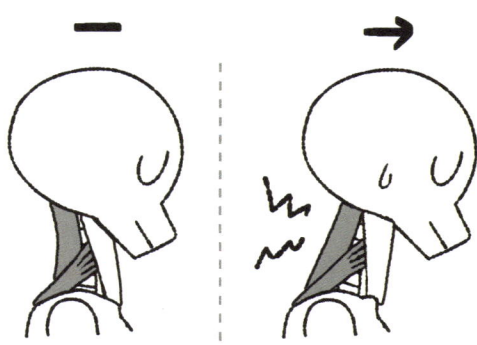

근본적인 해결을 하려면 전문가의 도움을 받아야 하지만, 우리가 할 수 있는 게 아예 없는 건 아닙니다. 머리를 식히거나 쉴 때 가끔 하늘을 올려다봅시다. 하늘을 감상하는 동안 목덜미 근육도 한숨 돌릴 수 있을 테니까요. 물론 고개를 들어봤자 하늘이 아니라 익숙한 천장이 보일 때가 더 많지만, 여기에서나마 쾌청하게 얘기해봅니다.

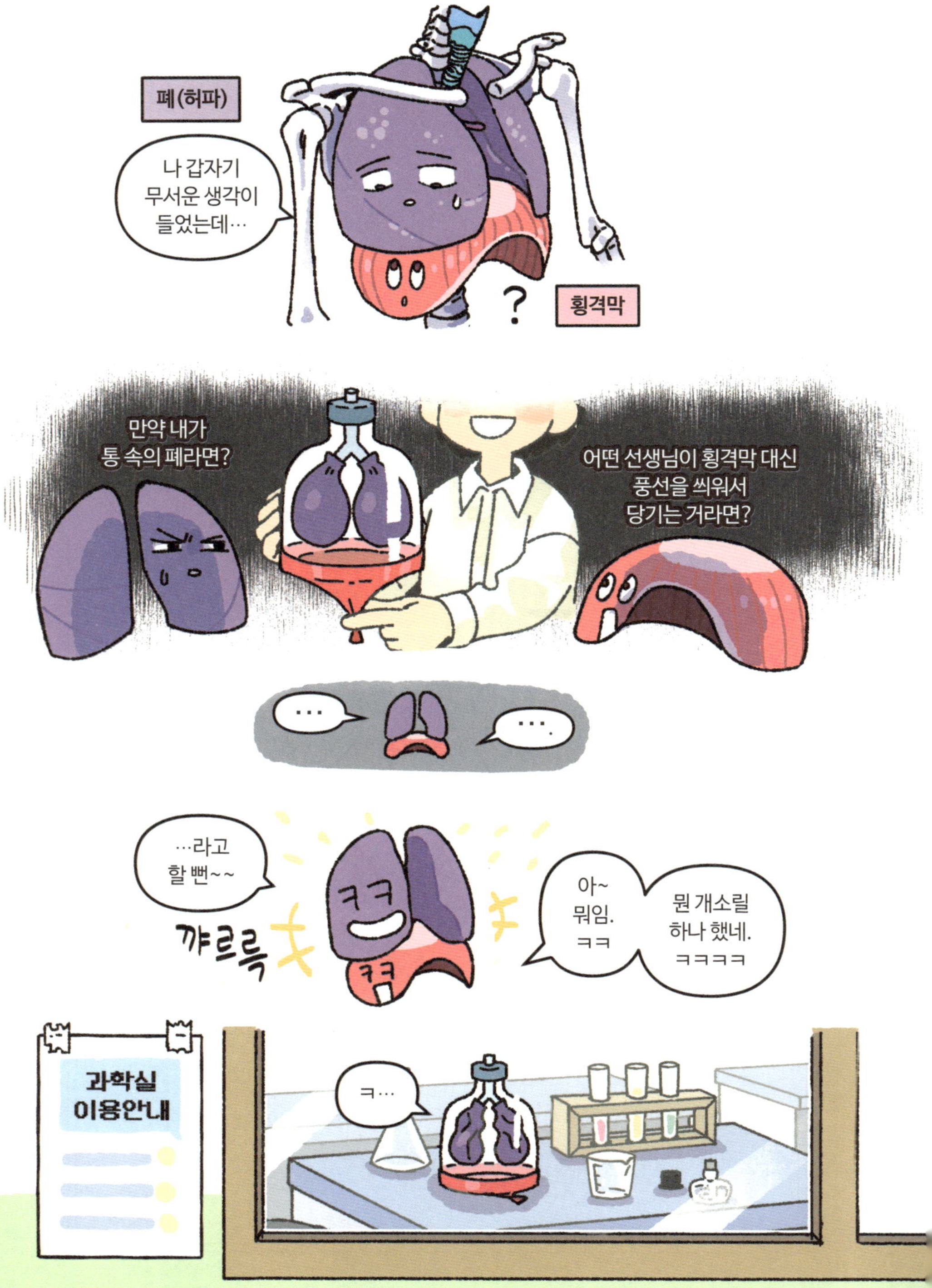

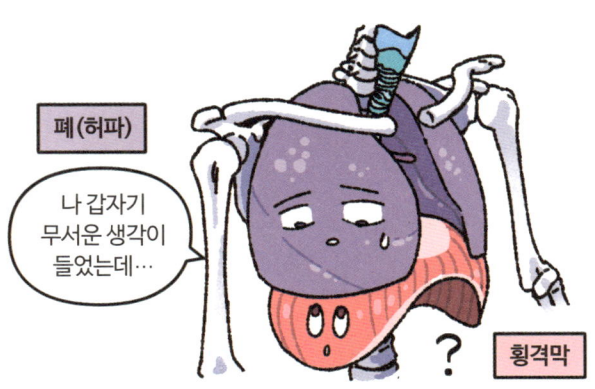

어릴 때 한 번쯤 페트병과 풍선으로 만든 '호흡기 모형'을 본 적 있을 것이다.

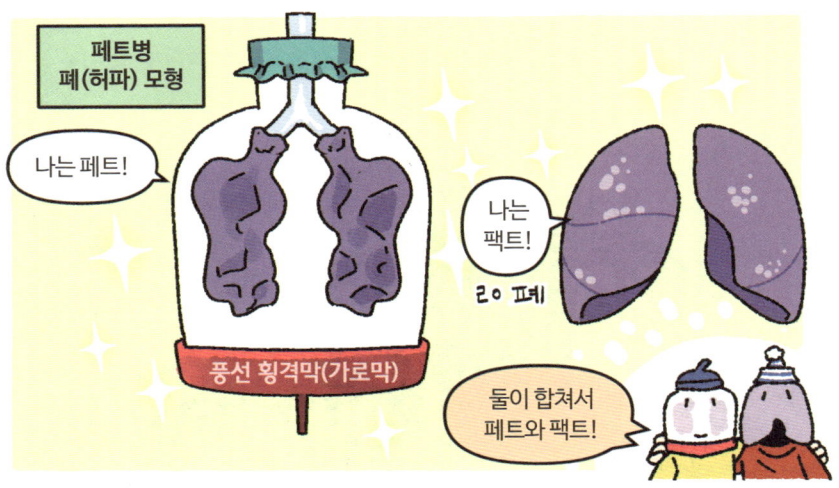

이 모형은 넓은 풍선(횡격막)을 내리면 페트병 안에 공기가 들어와 2개의 풍선(폐)이 부푸는 모습을 보여주는데···

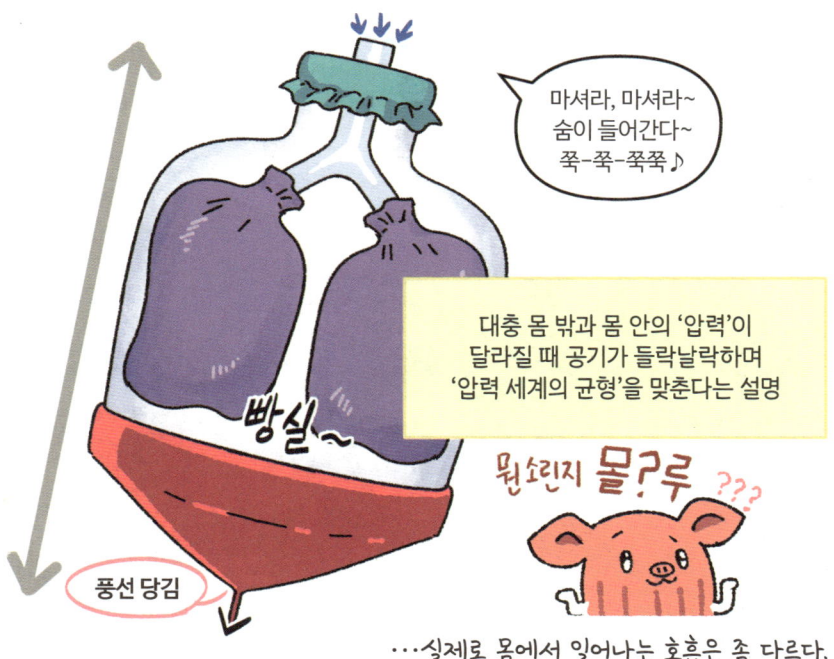

···실제로 몸에서 일어나는 호흡은 좀 다르다.

먼저, 모형에서 그저 가만히 있는 '페트병'의 일부였던 '갈비뼈'가 적극적으로 움직이고

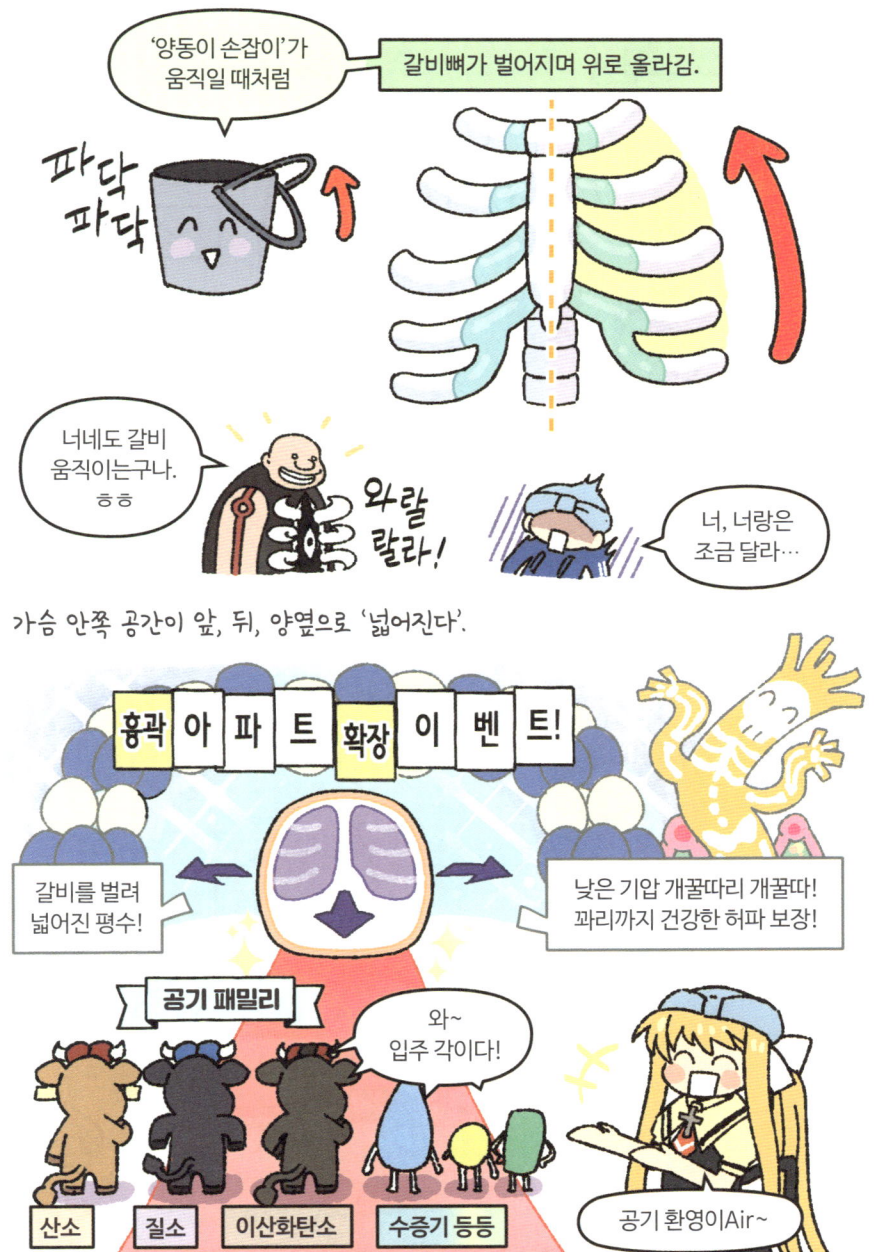

가슴 안쪽 공간이 앞, 뒤, 양옆으로 '넓어진다'.

당연하지만, 이때 갈비뼈가 혼자 벌어지는 건 아니고,
갈비와 갈비를 연결한 근육이 수축하며 움직이는데

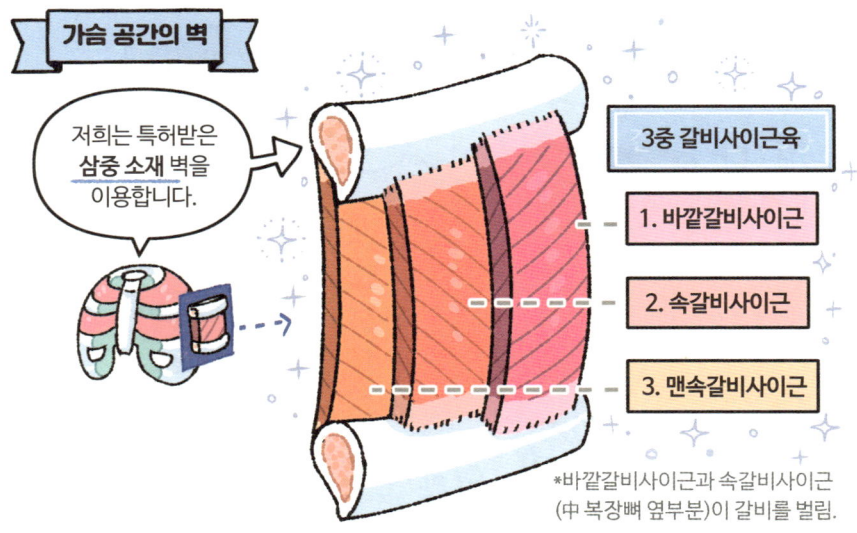

여기에 횡격막이 수축하며 내려가는 것이 '숨을 마시는 동작'이다.

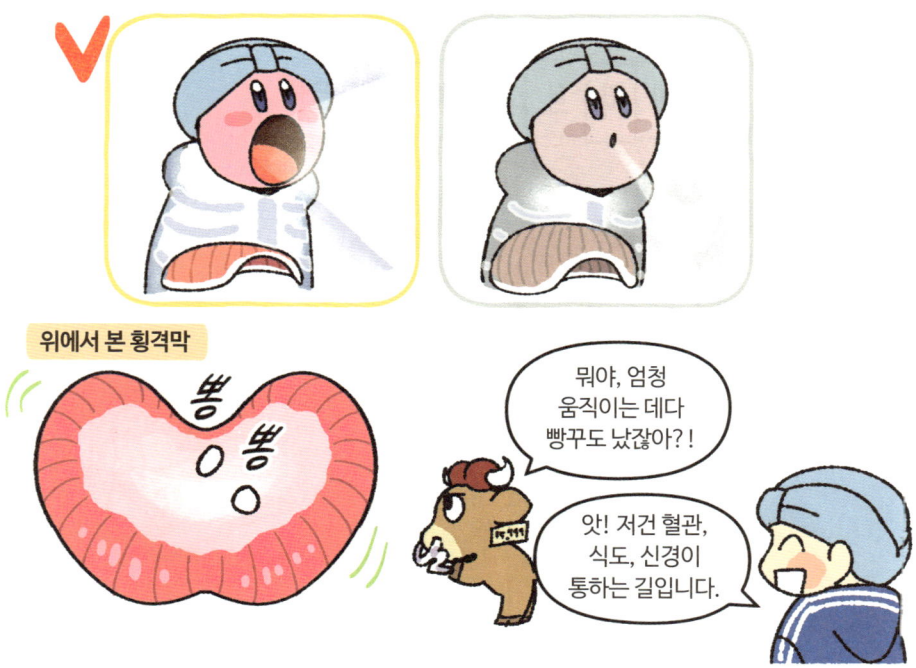

횡격막은 가슴의 바닥인 동시에 배의 천장이고

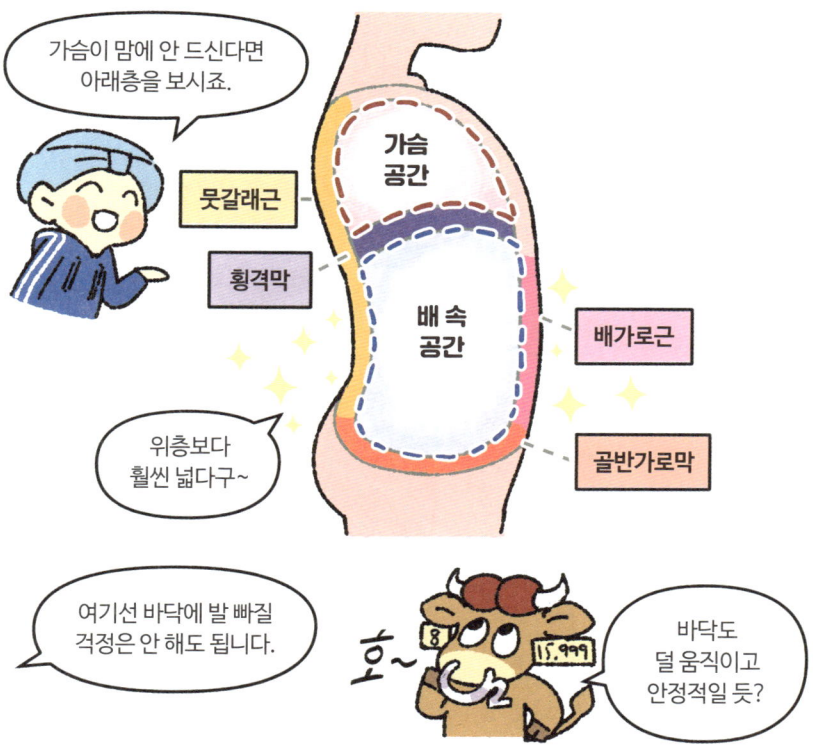

횡격막을 천장으로 둔 배 속 공간 역시 호흡에 큰 역할을 하는데

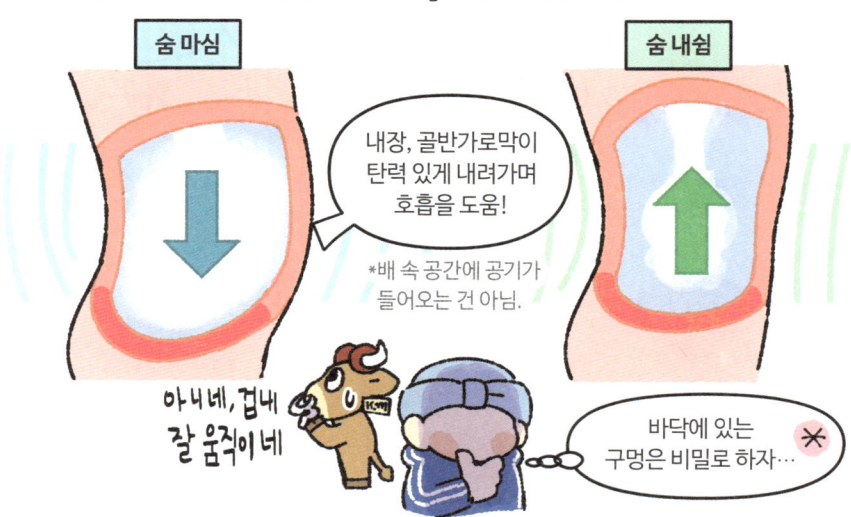

바로 갈비사이근과 함께 몸을 '쥐어짜서' 숨을 내보내는 것…!

여기에 횡격막이 올라오는 것이 '숨을 내쉬는 동작'이다.

이때 배 속 공간을 쥐어짜는 복근과 관련해서 할 얘기가 참 많은데

숨을 쉬는 것에는 복근 말고도 뒤쪽의 많은 근육이 관여한다.

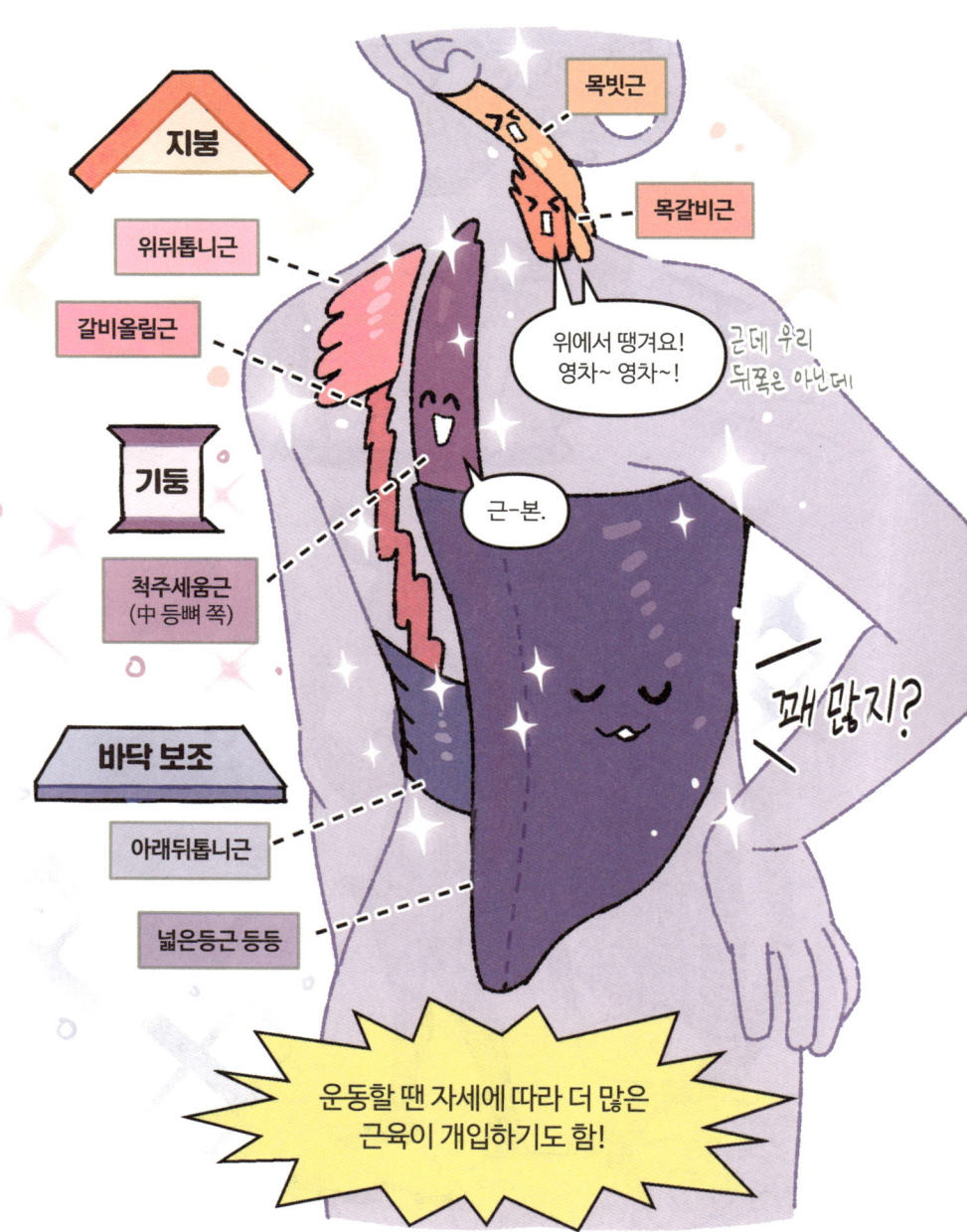

온몸으로 호흡한다고 해도 과언이 아닌 것이다. 즉…

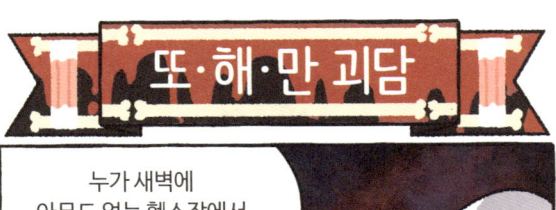

쉬면서 보는 해부학 칼럼

발살바 호흡은 변비의 호흡

무거운 걸 들 때 '숨을 크게 마신 뒤 흡-' 하고 참아본 경험, 한 번쯤 있지 않나요? 이 '숨을 참는 호흡법'은 만든 사람의 이름을 따서 '발살바 호흡'이라 부릅니다. 전집중 호흡하고 비교할 수는 없지만, 힘을 더 잘 내고 안전하게 일하기 위해 무의식적으로 하는 행동이지요. 이렇게 강하게 숨을 멈추면 호흡근육 편에 나온 횡격막, 배가로근, 골반가로막 등의 근육이 견고하게 고정돼 몸을 지지해줍니다. 배 안의 압력인 '복압을 높인다'고 표현하기도 하죠.

다시 숨을 내쉬면 배 안의 압력이 내려가며 몸이 이완되고 편안해집니다. 몸에 크게 무리가 가는 정도는 아니죠. 하지만 평균적인 상태가 아니거나, 이 행동을 '반복'했을 때는 약간의 변화가 생깁니다.

강하게 숨을 멈추면 복압과 함께 '혈압'도 급격히 높아집니다. 그래서 평소 고혈압이 있는 사람에게는 발살바 호흡을 잘 권하지 않죠. 또 혈관(대정맥)이 배 속의 압력에 눌리니, 이번엔 혈액순환이 잘 안되어서 반대로 저혈압 상태에 가까워집니다. 이때 피가 뇌까지 잘 가지 않으면 어지럽거나 정신을 잃는 경우도 생기지요. '힘 쓰기 좋은 호흡'에는 이런 좋지만은 않은 면도 있습니다.

그런데 혹시 눈치챘나요? 우리는 사실 이 호흡을 심심찮게 하고 있습니다. 매일 화장실에서 하는 '밀어내기 운동'에 자연스럽게 쓰고 있죠.

물론 장 속에 있는 '초코아이스크림'이 부드러운 슬러시나 무스가 아니라 '딱딱한 구슬 아이스크림'인 사람은 아무리 힘을 써도 '매일' 생산하지는 못할 겁니다. 여기는 뼈대 근육으로 운동하는 것처럼 '맘대로 조절'할 수도 없으니, 정말 미칠 노릇이죠. 물론 제가 그렇다는 건 아니구요.

그러니 찢어지는 고통 속에서 딱딱한 구슬 아이스크림을 생산하는 당신! 호흡만 놓고 보면 고중량 운동에 지지 않는 일을 하고 있는 겁니다…!!

여러분의 아이스크림이 하루빨리 부드러워지길 기원합니다.

저는 아직… 괜찮습니다.

*내용과 상관없는 그림입니다.

'복근' 하면 생각나는 것은?

복근을 씹고 뜯고 맛보고 즐겨보자!

또해만 요리교실

호불호 없는 근육, '식빵 복근'을 다 같이 만들어봅시다!

와~!

먼저, 복근에 대해 알고 만들면 더 좋겠죠!

따끈따끈

마침 여기 완성된 복근이 있습니다.

멋지다! 나도 저렇게 되고 싶...

써걱

복근은 4개의 근육 파트로 이뤄져 있다.

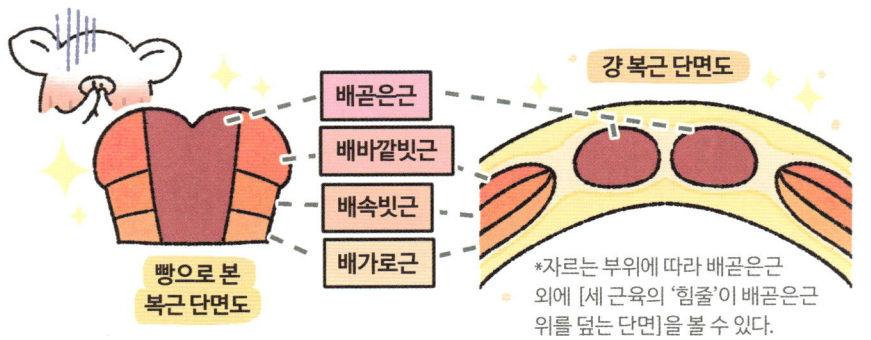

빵으로 본 복근 단면도
- 배곧은근
- 배바깥빗근
- 배속빗근
- 배가로근

갱 복근 단면도

*자르는 부위에 따라 배곧은근 외에 [세 근육의 '힘줄'이 배곧은근 위를 덮는 단면]을 볼 수 있다.

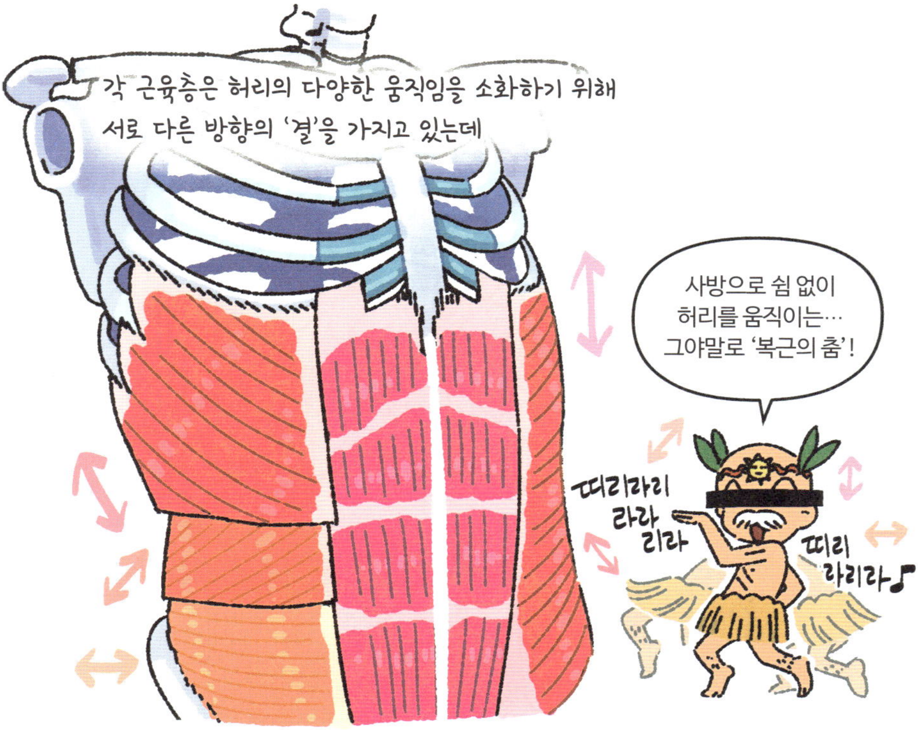

각 근육층은 허리의 다양한 움직임을 소화하기 위해 서로 다른 방향의 '결'을 가지고 있는데

사방으로 쉼 없이 허리를 움직이는… 그야말로 '복근의 춤'!

띠리라리 라라 리라

띠리 라리라 ♪

'척추 디스크'도 같은 이유로 방향이 다양한 여러 층으로 이루어져 있다.

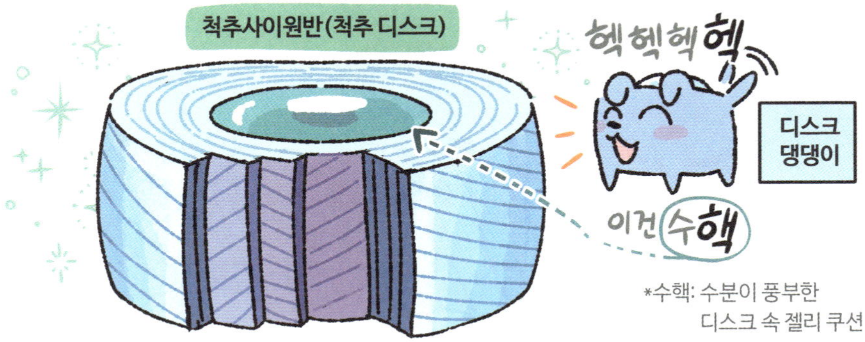

척추사이원반(척추 디스크)

헥헥헥헥

디스크 댕댕이

이건 수핵

*수핵: 수분이 풍부한 디스크 속 젤리 쿠션

잠깐 컷! 게스트가 아직 안 왔는데요.

똑똑

중앙 배곧은근

중앙에서 간지를 담당하고 있다.

울뚝불뚝한 식빵 모양 식스팩이 바로 나!

간지용. ㄴㄴ
배를 '효율적으로 강하게 굽히기' 위해 힘줄로 나눠서 이런 모양인 거임!

우호~

운동복 빨 때 조오치!

근육 안 나눔 → 중간에 빠워가 모자라... 힝...

근육 나눔 → 딱 붙어 힘 난다!

배곧은근이 갈라진 모양이나 크기는 사람마다 다르고 '대칭'인 경우는 드물다.

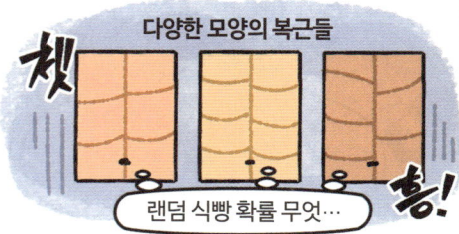

다양한 모양의 복근들

랜덤 식빵 확률 무엇...

SSR
대칭 복근

3층 배바깥빗근

한때 '치골'로 잘못 알려졌던 위험한 부위.

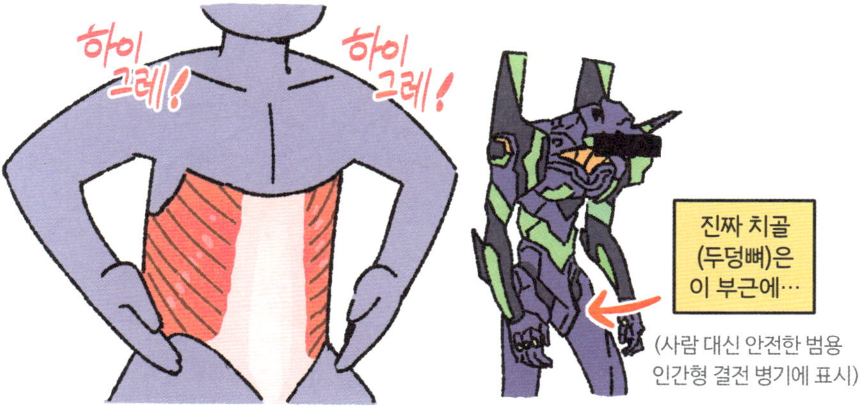

하이 그레! 하이 그레!

진짜 치골 (두덩뼈)은 이 부근에…

(사람 대신 안전한 범용 인간형 결전 병기에 표시)

그럼 기사 제목에서 보던 '치명적인 치골라인'의 진짜 의미는…

에바임;;

치명적이긴 하지

2층 배속빗근

일부 움직임에서 배바깥빗근과 함께 세트로 쓰인다.

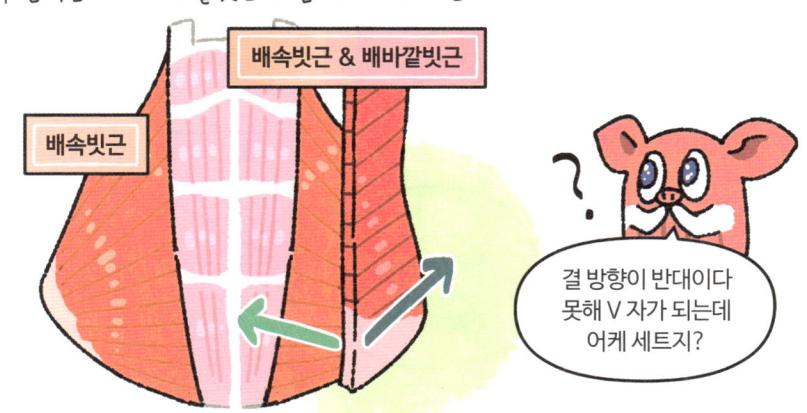

배속빗근 & 배바깥빗근

배속빗근

결 방향이 반대이다 못해 V 자가 되는데 어케 세트지?

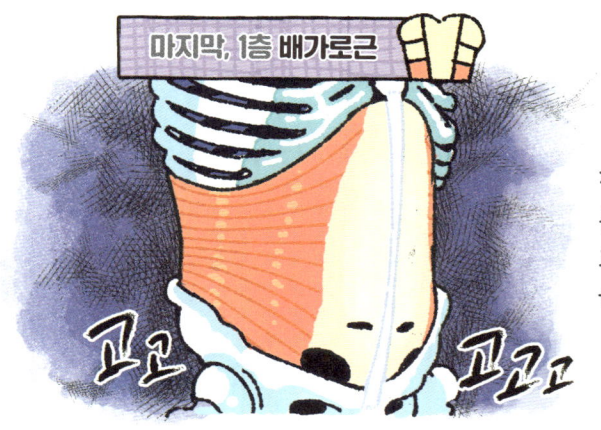

가장 안쪽에 있는 복근계의 흑막. 몸을 움직일 때, 직접 움직이는 부위보다 '배가로근이 먼저' 힘을 줘 몸통을 고정시킨다.

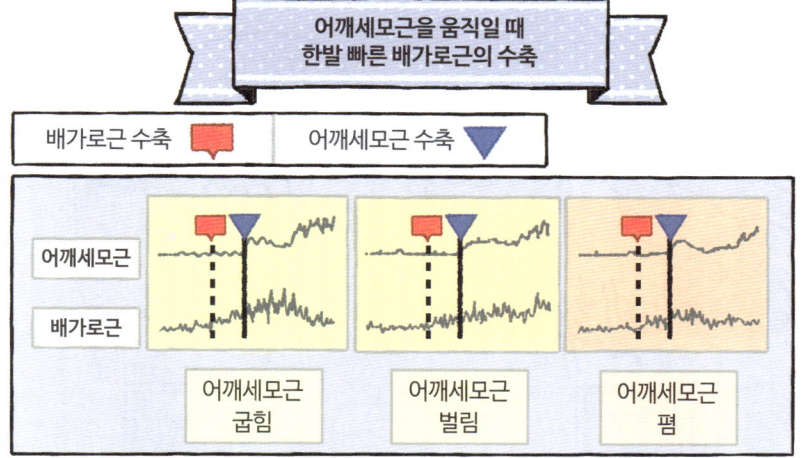

*P. W. Hodges & C. A. Richardson, Feedforward contraction of transversus abdominis is not influenced by the direction of arm movement, *Experimental Brain Research*, 1997 Apr; 114(2):362-370.

배가로근의 적절한 수축은 효율과 안전 면에서 매우 중요하기 때문에 흔히 말하는 '코어근육' 중 큰 지분을 차지한다.

호흡근육 편에 나온 배 속 공간을 이루는 근육이 '코어' 개념에 부합하죠.

과거에는 '윗몸 일으키기'가 대표적인 복근 운동이었지만,
허리 부상 가능성이 거론되며 다른 동작을 더 권하는 추세다.

익숙지 않은 사람이 무리하면, 목에 과하게 힘이 들어가거나
허리가 아파질 수도 있으니, 안 아픈 정도부터 살살 반죽해보자.

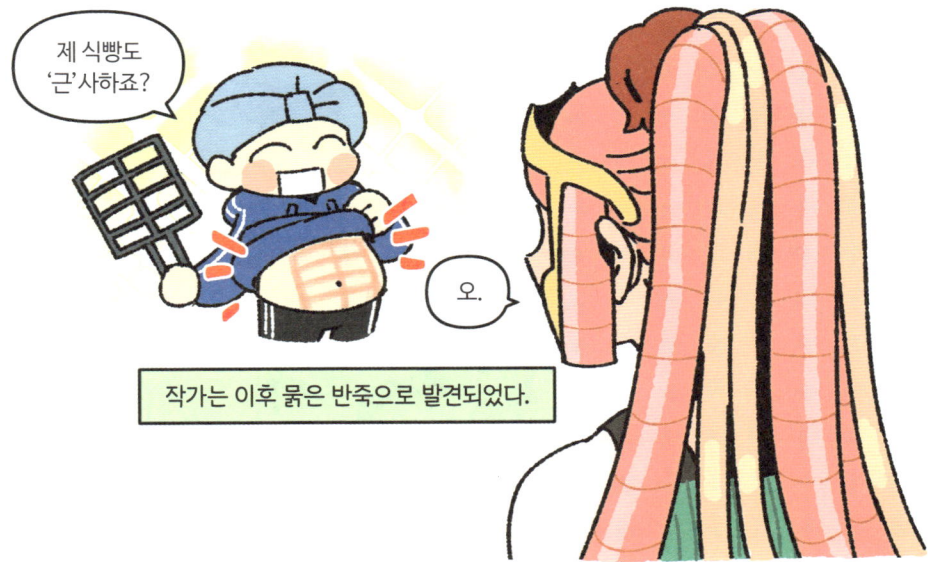

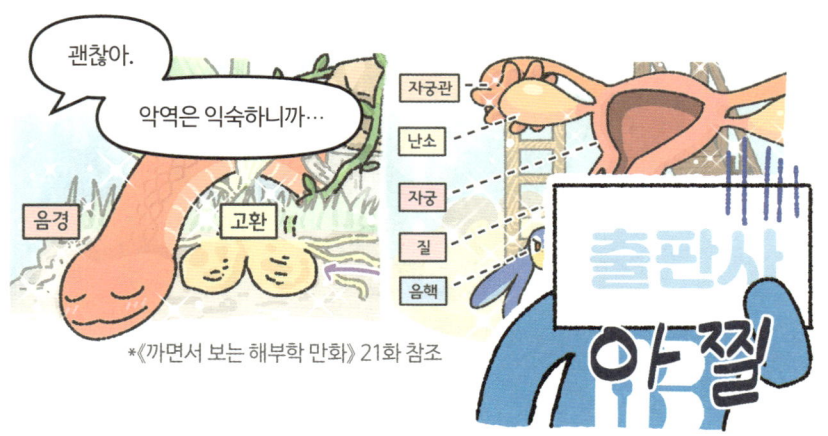

골반뼈는 냄비처럼 생겼지만 아래쪽에 큰 구멍이 나 있다.

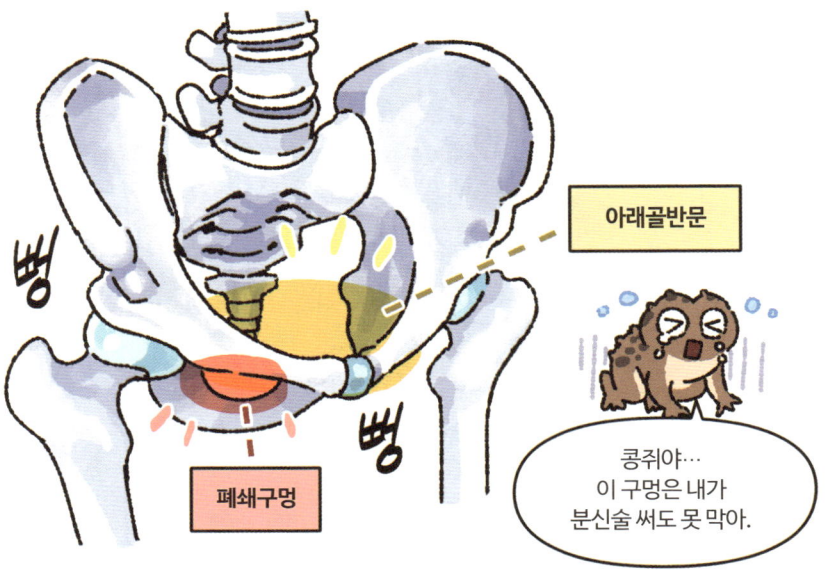

이런 큰 구멍을 막는 동시에 작은 구멍으로 배설물을 내보내는 것이 골반의 바닥에 있는 골반가로막이다.

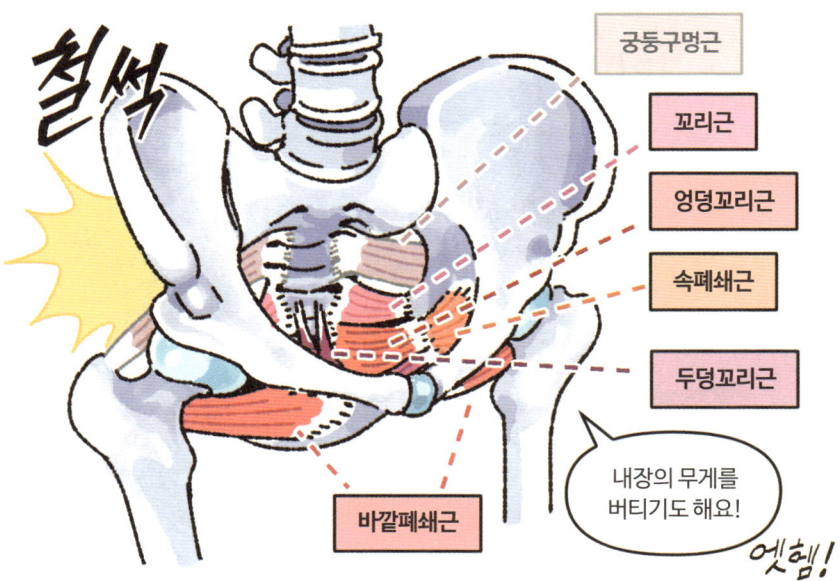

골반의 바닥을 '아래'에서 보면 신비로운 상하 대칭 피라미드로 이루어졌음을 알 수 있다.

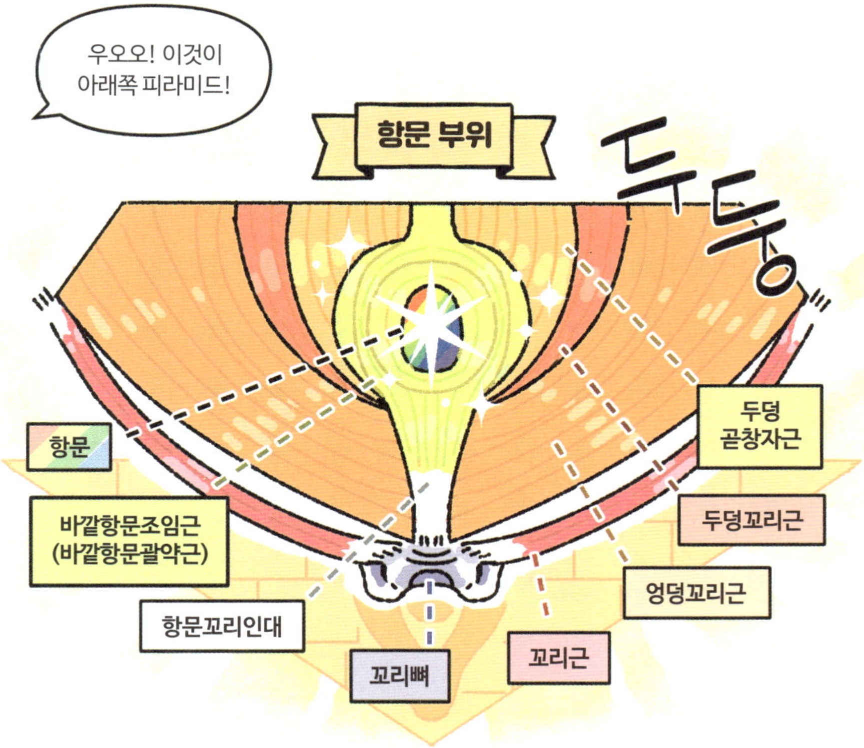

항문 부위

"우오오! 이것이 아래쪽 피라미드!"

두둥

- 항문
- 바깥항문조임근 (바깥항문괄약근)
- 항문꼬리인대
- 꼬리뼈
- 꼬리근
- 엉덩꼬리근
- 두덩꼬리근
- 두덩곧창자근

참고로 조임근(괄약근)은 항문 말고 다른 곳에도 있다.

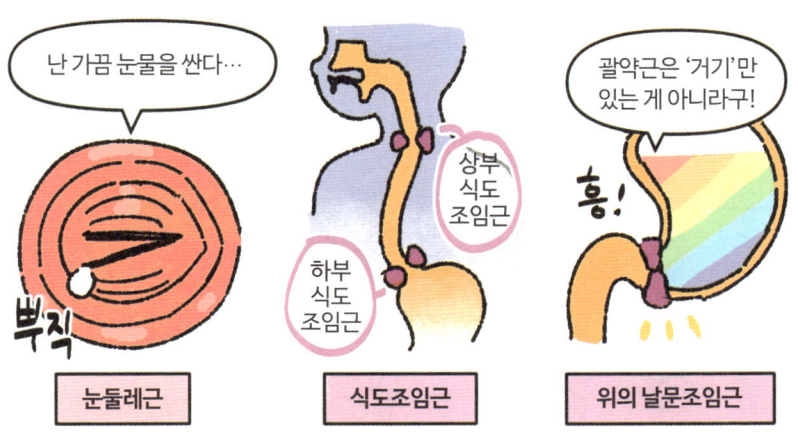

"난 가끔 눈물을 싼다…"

뿌직

눈둘레근

- 상부 식도 조임근
- 하부 식도 조임근

식도조임근

"괄약근은 '거기'만 있는 게 아니라구!"

흥!

위의 날문조임근

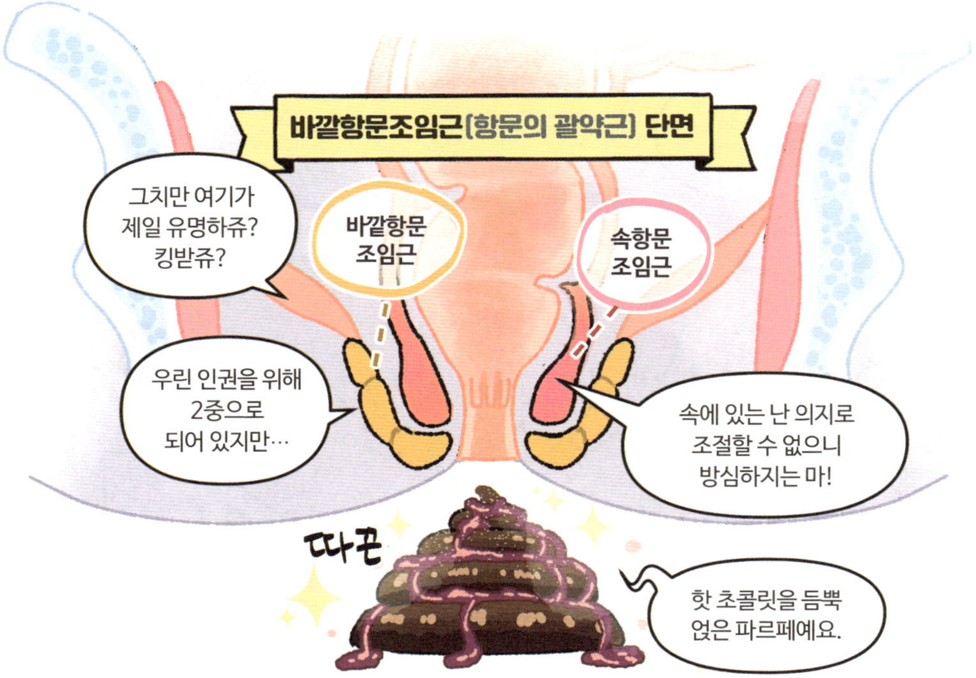

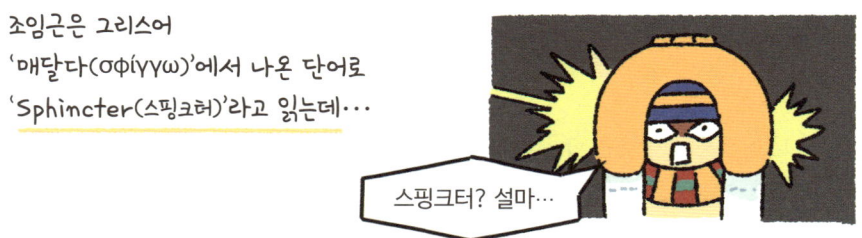

*이집트어 '세스프 앙크(조형상)'가 변한 말이라는 의견도 있다.
　항문조임근을 포함한 골반바닥의 근육을 잘 쓰기 위한 연습이 케겔 운동이다.

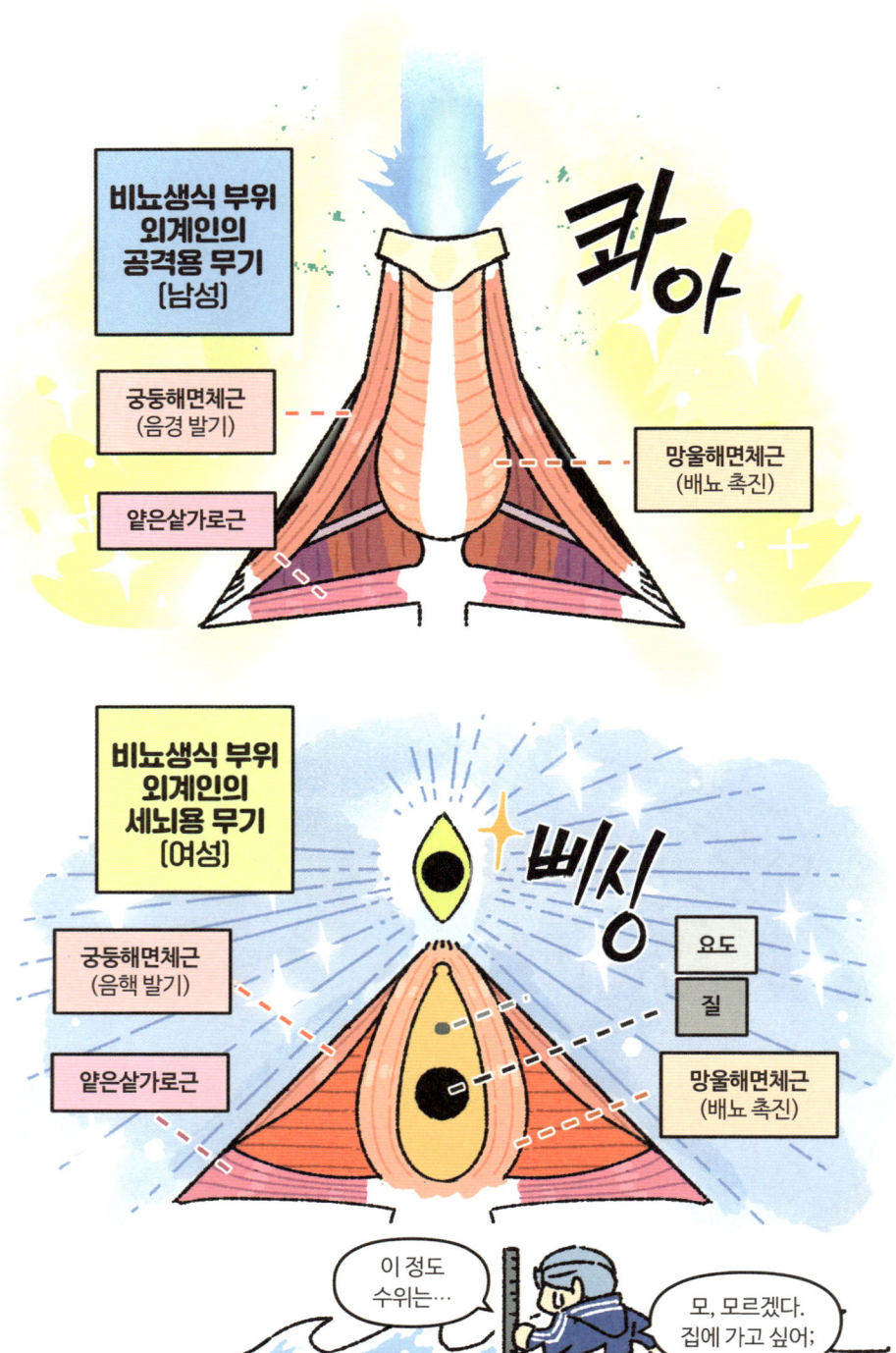

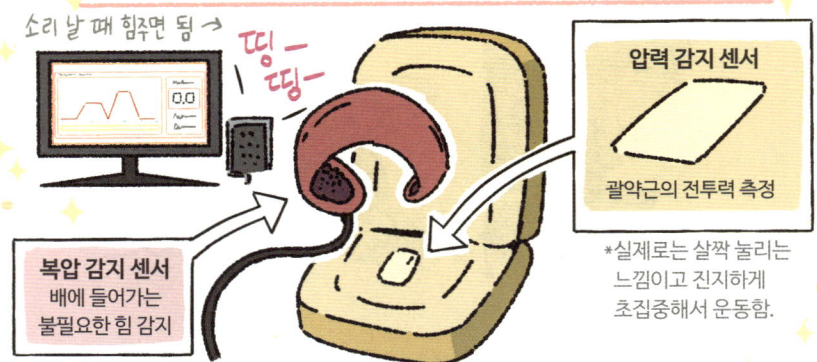

쉬면서 보는 해부학 칼럼

터억 하고 빠지는 턱관절

턱관절은 어깨뼈관절과 더불어 잘 빠지는 관절 중 하나입니다.

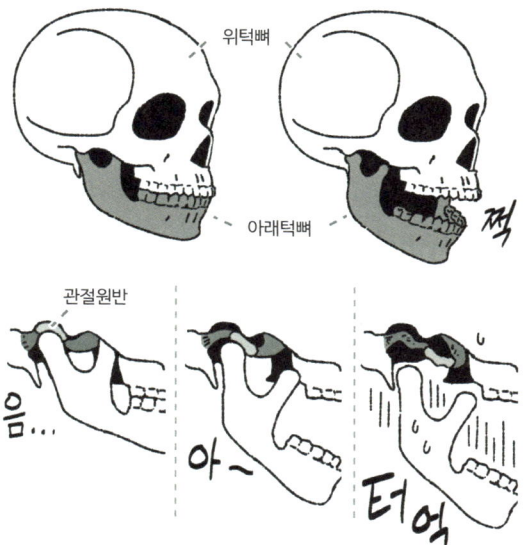

턱관절이 움직이는 모습을 보면, 위턱뼈에 아래턱뼈가 들락날락하는 걸 알 수 있죠. 중력을 거슬러 매달려 있기도 하구요. 턱관절 사이에 있는 관절원반과 여러 근육이 함께 붙잡고 있지만, 그래도 비교적 불안정한 관절입니다. 이 사실을 알게 된 후, 저는 격하게 말해야 할 때 턱관절 대신 손가락 관절을 씁니다. 키보드로 타이핑하며 생각을 정리하고 근거도 찾는 것이지요. 오직 팩트에 의한 승리… 아니, 턱관절을 아끼기 위한 방법일 뿐이니, 혹시라도 오해 없으시길 바랍니다.

'목'은 생명과 동일시되며 매우 중요하게 여겨진다.

한편 똑같이 '목'이지만 비교적 덜 중요시되는 '목'도 있는데

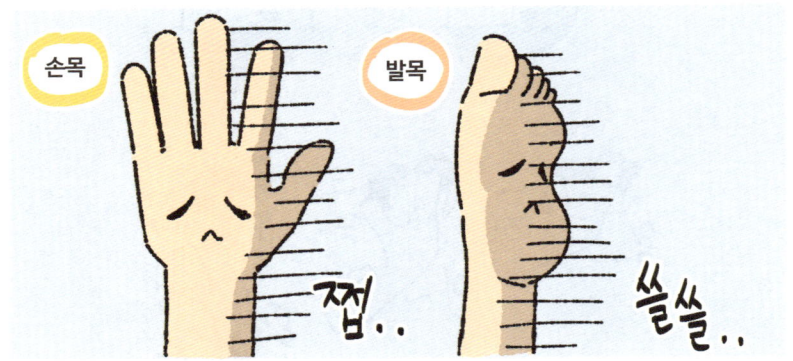

이제 다른 '목'에도 관심을 가져볼까 한다.

12화 손목발목 울 적에
: 손목·발목

보통 '손목' 하면
딱 이쯤을 떠올리는데

해부학적으로는 좀 더 위와 좀 더 아래를 같이 봐야 한다.

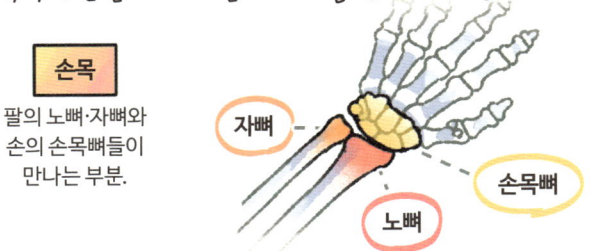

손목
팔의 노뼈·자뼈와
손의 손목뼈들이
만나는 부분.

손목뼈는 8개나 되므로 앞 글자를 딴 필살 암기법이 전해져 내려옴.

암기법 '호시탐탐 ㅍㅌㄹㅅ' 시리즈

호	Hamate
시	Capitate
탐	Trapezoid
탐	Trapezium

ㅍ	Pisiform
ㅌ	Triquetrum
ㄹ	Lunate
ㅅ	Scaphoid

호시탐탐~

파트라슈 포트리스 포토로쉬(포튼러시)

맘에 드는
'ㅍㅌㄹㅅ'로
골라잡아~

나도
만들어볼까.

푸틴라식?   팬티리스?

으아악!
여러모로
위험해!

*감수자님 피셜, '호시탐탐' 대신 '하체튼튼'도 가능.

노뼈는 손목뼈와 딱 닿지만, 자뼈는 닿지 않아서
엄밀히 따지면 손목 관절에 포함되지 않는다.

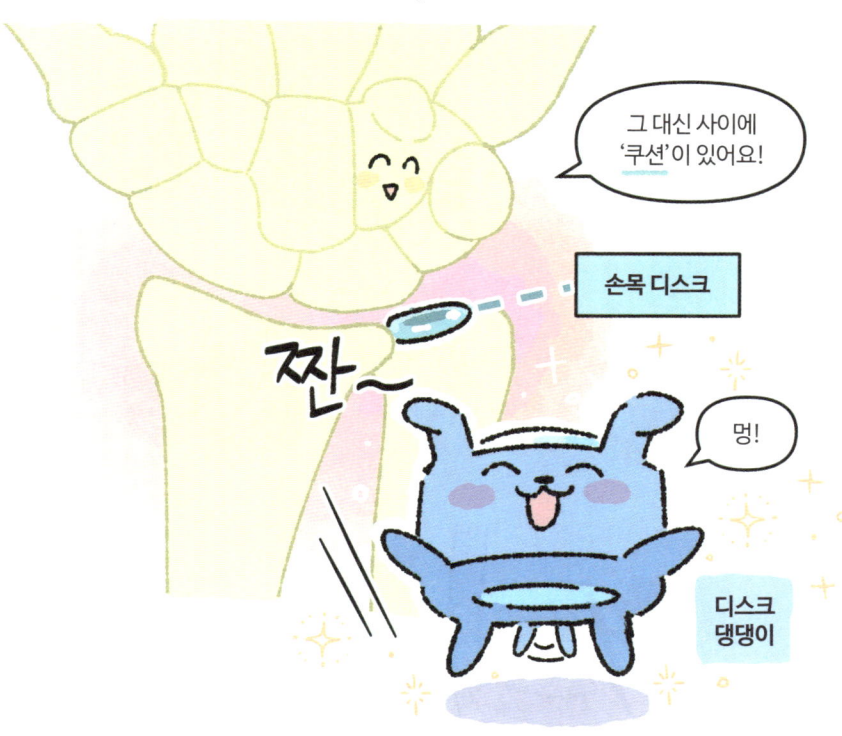

그런데…

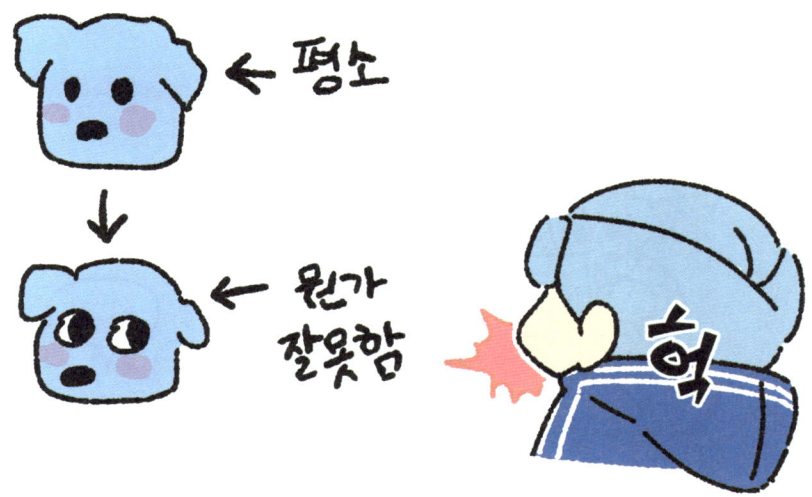

손목 디스크와 주변 구조물로 인해 통증이 생길 때도 있다.

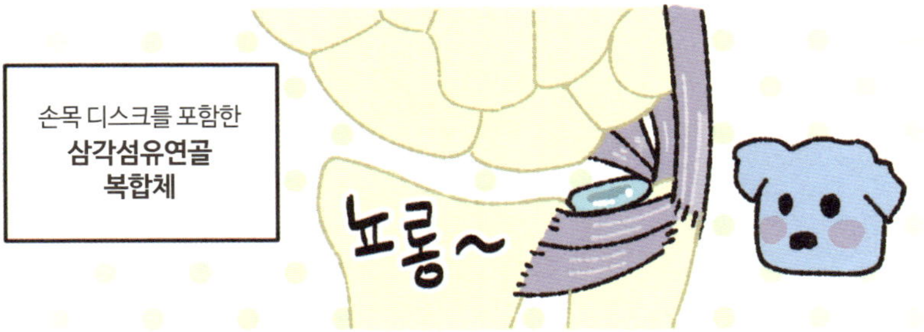

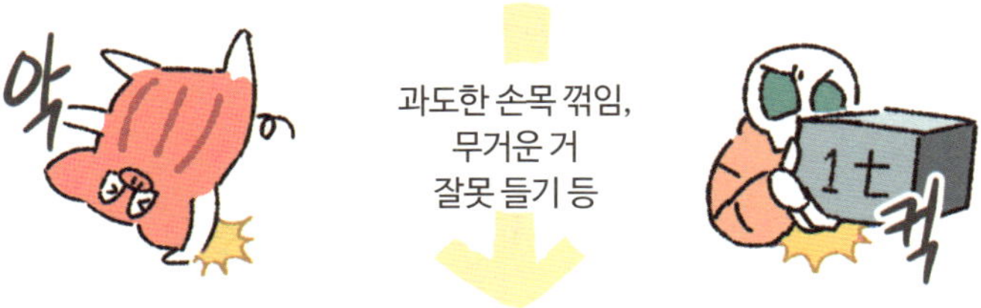

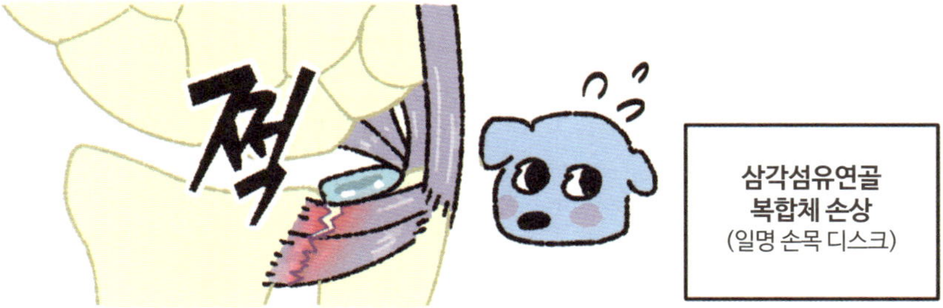

손목 디스크를 포함한
삼각섬유연골 복합체

과도한 손목 꺾임, 무거운 거 잘못 들기 등

삼각섬유연골 복합체 손상
(일명 손목 디스크)

하지만 이 바닥에서 가장 유명한 '스타'는 따로 있으니…

바로 많은 유저를 보유 중인
손목터널증후군(CTS: Carpal Tunnel Syndrome)이다.

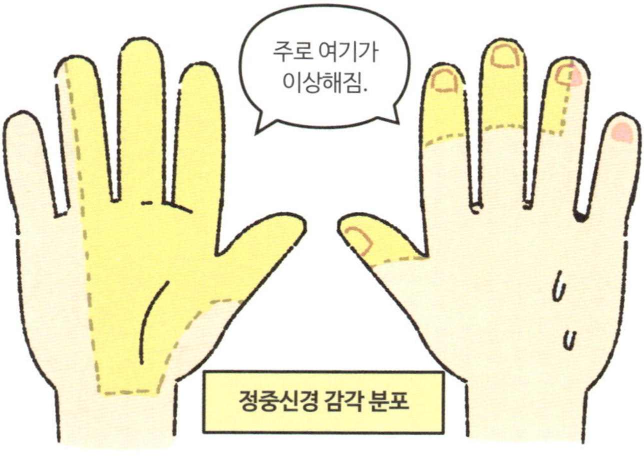

이때 눌리는 신경은 손목 안의 '손목터널'을 지나는데,
이 터널을 같이 지나는 친구들이 좀 많다.

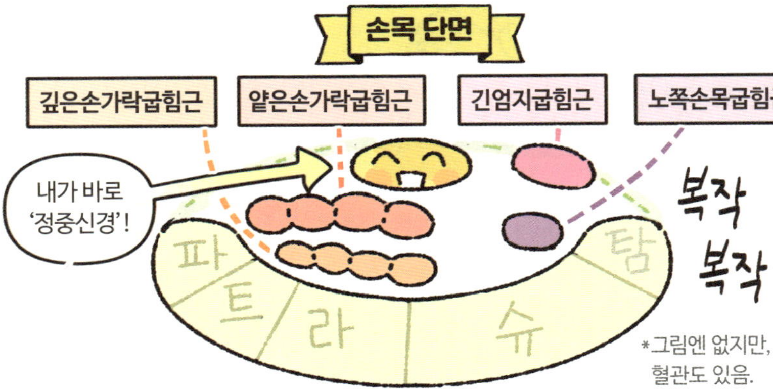

손목 단면

깊은손가락굽힘근 | 얕은손가락굽힘근 | 긴엄지굽힘근 | 노쪽손목굽힘근

내가 바로
'정중신경'!

복작
복작

파트라슈

*그림엔 없지만,
혈관도 있음.

신경퀸

푹

이 정도면
널널한데?

겁쟁이~
허접~

여기에 굽힘근들을 하나로 묶는
가로손목인대가
낮은 천장을 만들고

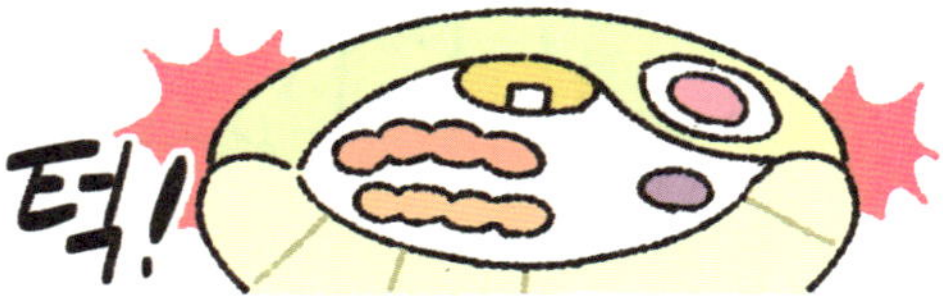

턱!

굽힘근의 마찰을 줄이기 위한
'윤활집(건초)'이 굽힘근을
감싼다.

둘둘둘

어라...?

이런 상태에서 과하게 사용하면 자극받은 주변 구조물이 부어 신경이 눌리는 것이다.

한편 발목은 뼈부터 안으로 잘 꺾이는 구조로 되어 있는데

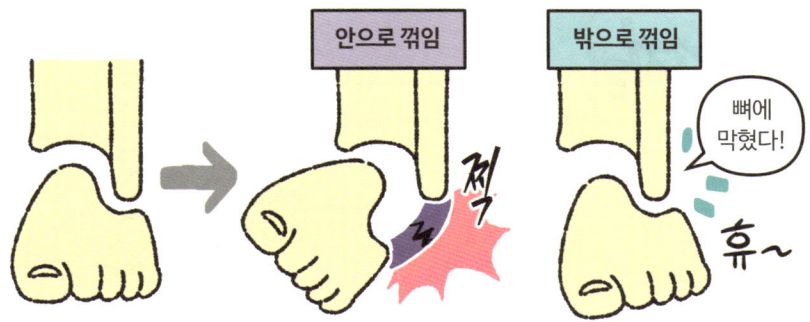

이때 정상 범위 이상 꺾여 발목 인대가 손상된 것이 흔히 말하는 '발목 삠' '발목염좌'이다.

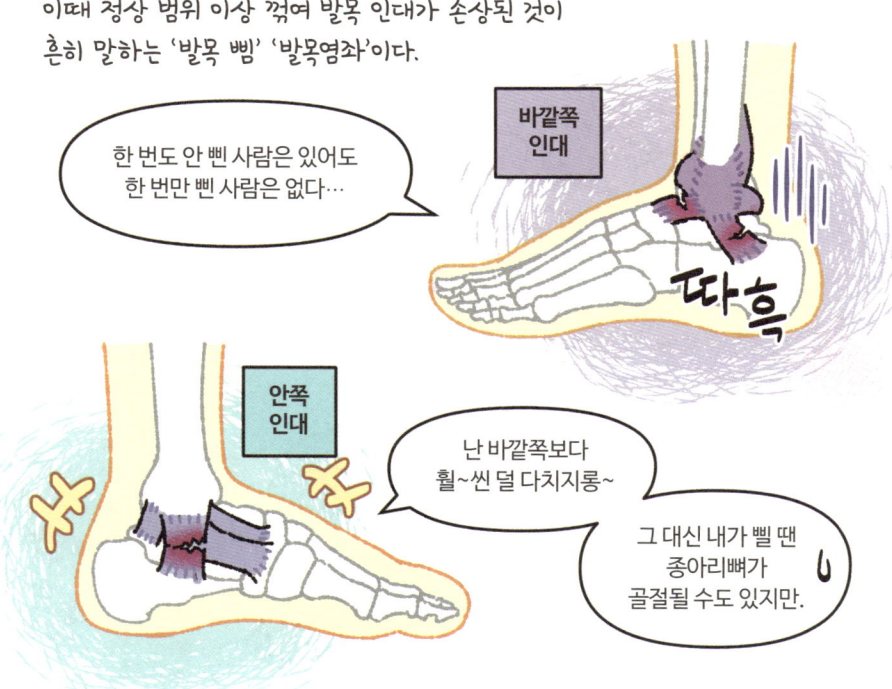

흔히 겪는 부상인 만큼 가볍게 넘기기 쉽지만,
되도록 병원에서 진료받은 후 운동으로 안정성을 높여주는 게 좋다.

> 몸에 인대가 늘어난 상태를 '정상'인 걸로 착각해, 꺾인 곳이 또 꺾일 수 있다.

> 세 살 염좌 여든까지 간다더니… 결국 발목으로 걸어 다니게 됐지.

오글토글

그리고…

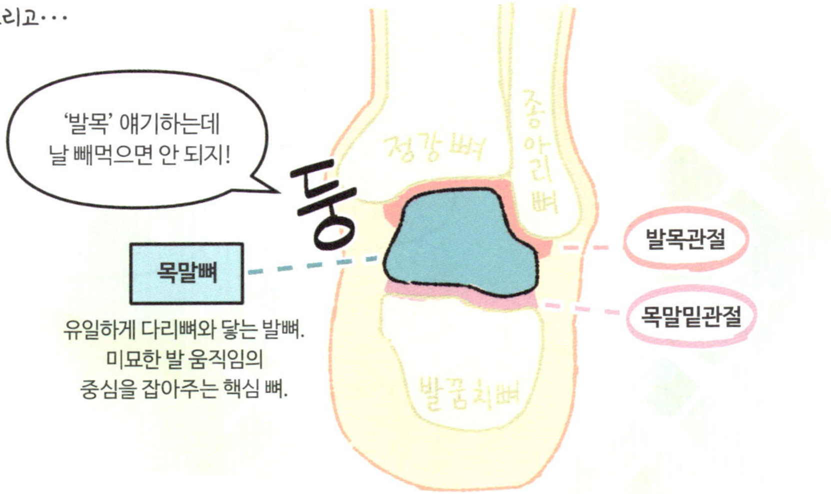

> '발목' 얘기하는데 날 빼먹으면 안 되지!

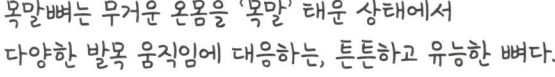

목말뼈
유일하게 다리뼈와 닿는 발뼈.
미묘한 발 움직임의
중심을 잡아주는 핵심 뼈.

정강뼈 / 종아리뼈 / 발꿈치뼈
발목관절
목말밑관절

목말뼈는 무거운 온몸을 '목말' 태운 상태에서
다양한 발목 움직임에 대응하는, 튼튼하고 유능한 뼈다.

후홋♥

쉬면서 보는 해부학 칼럼

"그의 손과 발이 활처럼 휘었다."

갑작스럽겠지만 저와 묵찌빠를 해봅시다.

여러분은 손바닥을 쫙 펴서 '빠'를 냅니다. 저는 주먹을 쥐어 '묵'을 내려다가, 손가락 2개를 펴 '찌'를 냈습니다.

묵찌빠 동작을 보면 '손'이라는 한 부위가 서로 다른 모양이 된다는 사실을 쉽게 알 수 있습니다. 몸에서 이렇게까지 다른 형태로 변할 수 있는 부위는 아마 손뿐일 것 같습니다. 작은 뼈만 모여 있는 손이 어떻게 이처럼 변화무쌍하면서도 안정적으로 움직이는 걸까요?

힌트는 3개의 '활'에 있습니다.

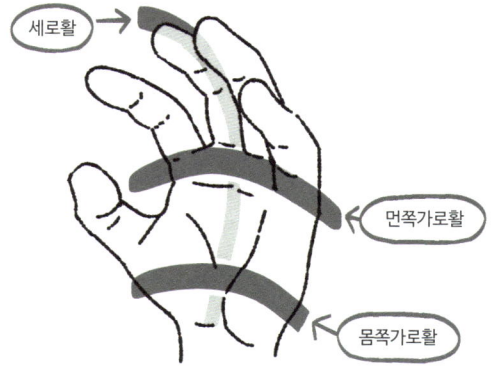

손에 있는 '몸쪽가로활'은 다소 단단하게 손을 안정시키고, '먼쪽가로활'은 활발하게 움직이며 손의 굴곡을 유지합니다. 마지막 '세로활'은 손목에서 손끝까지 손 전체를 든든하게 잡아주죠.

손과 닮은 '발'에도 활이랑 비슷한 게 있습니다.

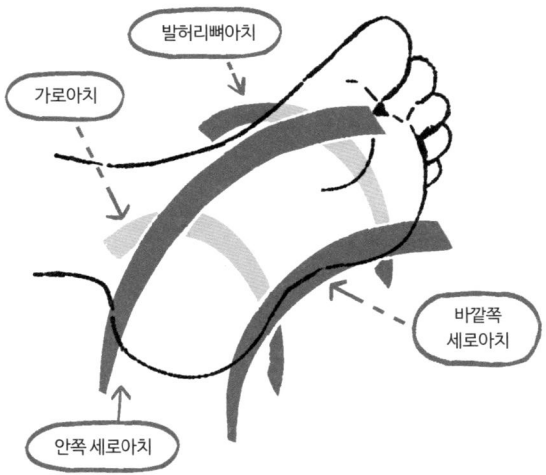

발의 '아치'는 탄력을 유지해 몸무게를 버티는 동시에, 땅에서 받는 충격을 잘 흡수할 수 있도록 도와줍니다. 손보다 물리적으로 무거운 임무를 맡고 있으니, 하나 더 많은 아치를 가지는 것도 왠지 그럴싸해 보입니다.

아, 깜빡했는데, 처음에 한 묵찌빠 말이죠, 제가 이겼습니다. 벌칙으로 딱밤 한 대 드려야 하는데… 까짓거 한 번 봐드릴 테니, 여러분도 마저 재밌게 봐(Read)주세요.

머리뼈 안에는 뇌가 있다.

그런데… 뇌 말고도 '보이지 않는 무언가'가 있다면… 믿겠는가?

머릿속에 있는 무형의 존재, 그것은…

머리뼈의 겉모습은 친숙하지만, 그 안은 굉장히 낯설다.

지 ㅈ대로 생긴 자유분방한 23개의 뼈로 이뤄졌기 때문이다.

*좌우 한 쌍인 뼈들이 있어 종류는 15종임.

이 중 몇 개의 조각을 통해 머릿속의 비밀을 엿볼 수 있다.

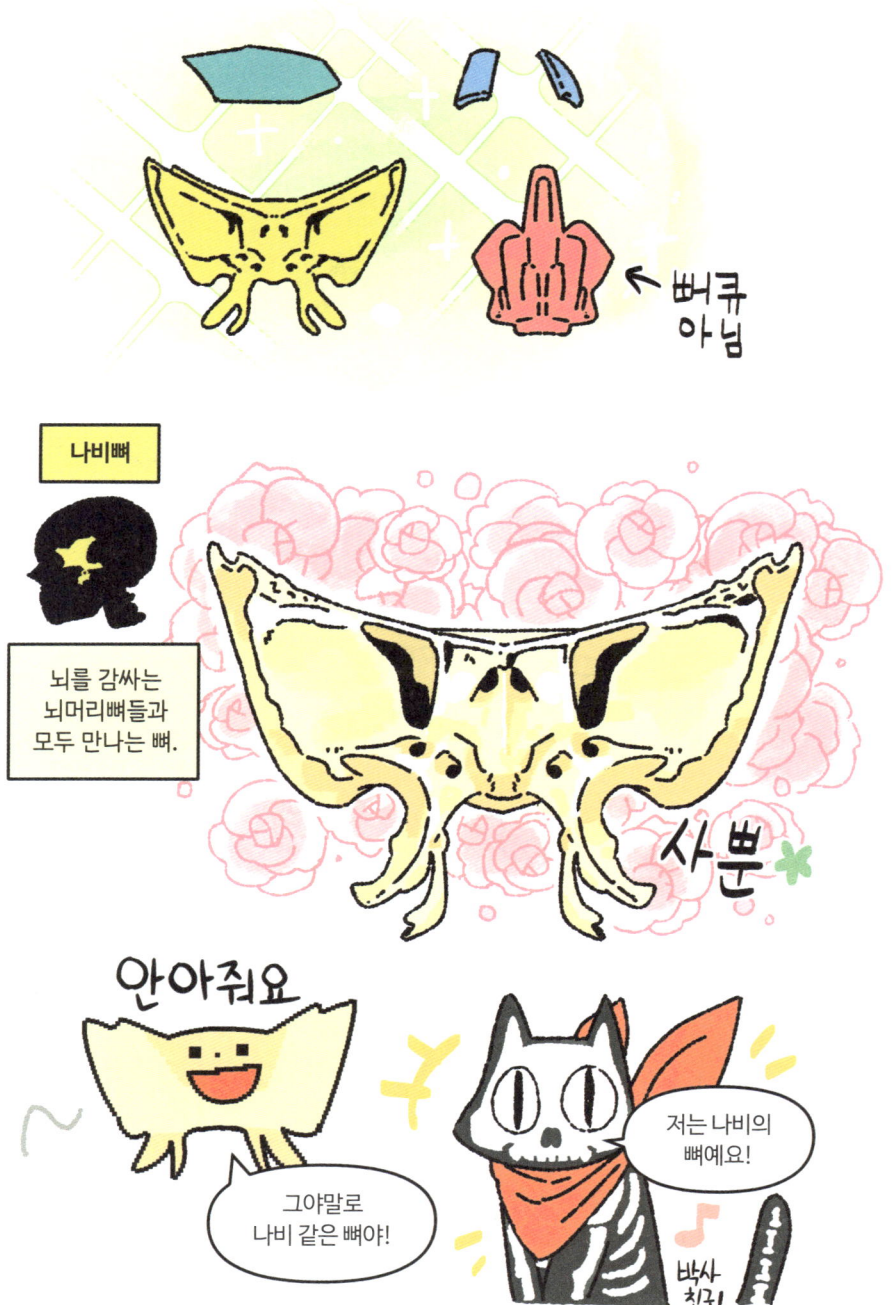

쉬면서 보는 해부학 칼럼

나 혼자만 외과 레벨업(1)

때는 16세기. 총알이 날아다니는 전쟁터에 칼을 들고 간 사람이 있습니다. 그의 이름은 앙부르와즈 파레. 이발사지만, 그냥 이발사가 아니었죠. 그는…

 작가
1분 전

 공감   스크랩

스포 해드림
주인공 먼치킨 각성해서 의사로 전직함.
외과수술이랑 의수 기술 발전시켜 고인물되고
국왕 주치의까지 출세해서 의학계 레전드 됨.

 1 💬 0 ☆ 0

 우리가 흔히 가는 병원, 그중에서도 '내과'와 '외과'는 어떻게 다를까요? '내과는 약으로 치료하고, 외과는 수술로 치료한다'고 아주 아주 대략적으로 표현할 수 있겠습니다. (당연히 내과도 수술하고, 외과도 약을 씁니다.) 수술을 하는 외과의사는 피와 많이 접촉할 것 같죠. 그런데 16세기에는 외과의사도 종교의 영향으로 '피에 닿는 일'을 꺼려했습니다. 하지만 수술은 해야 하니, 결국 '대신 칼을 쓸 용병'을 고용합니다. 마침 비슷하게 칼을 쓰는 직업인 '이발사'가 제격이었죠. 물론 그냥 막 하는 건 아니고, 교육을 받은 '이발외과의사'가 의사의 지시대로 처치했습니다. 이발사들은 일종의 '도구'였던 것이지요. 지금으로 치면 로봇 수술 대신 인간 수술을 한 셈입니다.

한편 또 다른 '도구'가 외과에 지각 변동을 일으킵니다. 총과 대포, 화약이 보급되며 전쟁 부상의 경향이 바뀐 것입니다. 창과 칼에 의한 부상 대신, 총상이나 폭발로 신체 일부를 잃는 부상이 늘었지만, 의학은 아직 한 걸음 뒤에 있었습니다. 이런 전쟁터에 주인공 파레가 등장합니다.

파레의 외과무쌍을 보기 전에, 잠깐 그 당시 치료법을 보고 갑시다.

먼저 총으로 입은 상처는 끓는 기름으로 소독했습니다.

"…어? 거기에 기름 같은 걸 끼얹어도 되나…?" 싶은데, 당시 이론에 충실한 방법이었습니다. [총상이 덧나는 원인인 '화약 독'을 끓는 기름으로 소독한다]는 원리죠.

파레도 원래 이 이론에 따랐지만, 소독에 쓰는 기름이 다 떨어지자 다른 방법을 생각해내게 됩니다. 그는 끓는 기름 대신 '상처에 바를 무언가'를 만들었습니다. 달걀노른자와 장미수, 소나무에서 얻은 기름인 테레빈유를 섞어 일종의 '연고'를 만든 거죠.

이걸 바르니 상처가 더 붓거나 곪지 않았습니다. 통증이 가라앉고 회복되기 시작했죠. 이후 여러 가지 연고를 사용한 끝에 파레는 기존 이론을 뒤집어 '총상에 끓인 기름 소독은 필요 없다'는 결론을 내립니다. 대세를 거스르는 주장을 하는 건 지금도 그렇지만 당시에는 무척이나 굉장한 도전이었습니다.

그러면 총상 말고 다른 부상은 어땠을까요?

전쟁터라는 특성상 심한 부상을 입으면 팔이나 다리를 절단하기도 했습니다. 이때 피가 많이 나와 지혈해야 할 때는 상처 단면을 뜨겁게 달군 인두로 지지는(!) 방법을 썼습니다. 상당히 거친 방법이라 이 고통으로 환자가 사망하거나 지혈에 실패하기도 했습니다. 이 과정에서 생긴 화상이 다른 병으로 발전하기도 했고요.

파레는 더 좋은 방법을 고민하다가 혈관 끝부분을 섬세하게 묶기로 합니다. 실과 바늘을 이용해 '꿰맨' 것입니다. 우리가 보기에 큰 상처를 꿰매는 건 당연한 처치지만 이때는 아니었다고 합니다. 꿰매니 훨씬 덜 아프고 피도 확실히 멎었죠.

파레는 분명 이발사이자 수술 도구였으나, 이제는 '도구'라는 말에 다 담을 수 없을 만큼 레벨업했습니다. 성장에는 가속도가 붙어, 급기야 새로운 '도구'까지 직접 만듭니다. 정교한 수술에 필요한 특수한 형태의 가위나, 팔다리가 절단된 사람을 위한 의수와 의족도 만드는데, 이게 단순한 의수, 의족이 아니라 '기능이 있는 기계식'이었습니다. 세계 최초이기도 했고요.

여기서 멈추지 않고, 이번에는 의학책을 씁니다. 어째선지 파레의 출판을 막으려는 세력이 있었지만 결국 출간되죠. 그를 방해하려 한 세력은 '파리 의학부'인데, 일부 계층만 읽는 라틴어 의학책을 대중적 언어인 프랑스어로 만드는 게 마음에 들지 않았던 것이지요. 파레가 지금 시대에 산다면 100만 유튜버가 되어 골드버튼을 받았을지도 모를 일입니다.

실제로도 그는 골드버튼은 아니지만 좀 더 '빛나는 것'을 얻습니다. 바로 국왕 앙리 2세의 외과의사라는 직책이죠. 이후 4대에 걸쳐 국왕의 의사로 지내는 '평범한 고인물' 생활을 하다가, 샤를 9세 때 국왕의 '수석' 외과의사가 되며 레벨업에 종지부를 찍습니다. 의사로서 더 이상 올라갈 곳이 없었죠. 이런 장르의 주인공답게 "나는 환자에게 붕대를 감았을 뿐, 치료는 신이 하신 것이다"라는 명대사도 남겼습니다. 이후 수술 도구와 의수, 의족을 더 개발하며 먼치킨 위인의 삶을 살지요.

이렇게 혈관이 웅장해지는 파레의 일대기는 남은 떡밥 없이 깔끔하게 끝이…

날까요……?

(계속)

체온은 언제나 부유한 피부에 의해 지배된다.

최전선에서 몸을 보호하지만, 인체 기관계통에 포함되지 않는

'바깥'에 있는
존재들의 이야기···

피부는 전체 몸무게의 15%를 차지하는 제법 큰 부위로

몸 안에 감염물질이 들어오는 걸 일차적으로
막아주는 '보호막'이다.

내용물은 겉의
빵이 지킨다!

그 빵이 감염될
때도 있지만…
아무튼!

무좀, 습진,
수두 등등..

보통 피부 바깥층부터 보지만, 여기서는 안쪽부터 살펴보려 한다.

근육과 피부 사이에는 우리가 증오해마지않는 '그것'이 들어 있다.

과거에는 살기 위해 지방을 최대한 손에 넣어야 했으나

지금은···

이런 지방의 위층에는 겉에서 보이지 않는 '속 피부'가 있다.

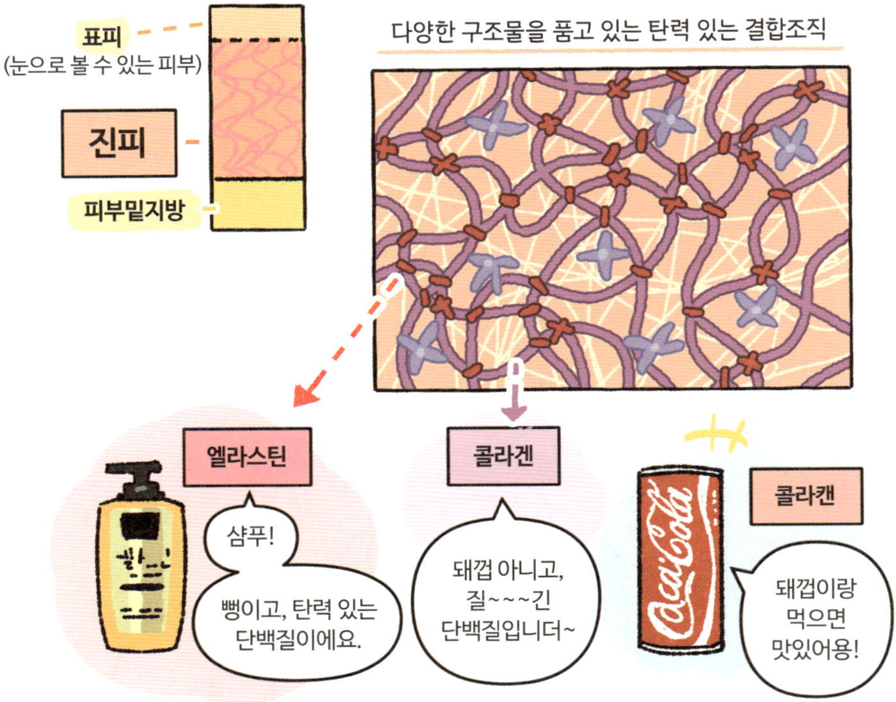

표피 (눈으로 볼 수 있는 피부)
진피
피부밑지방

다양한 구조물을 품고 있는 탄력 있는 결합조직

엘라스틴
샴푸!
뻥이고, 탄력 있는 단백질이에요.

콜라겐
돼껍 아니고, 질~~~긴 단백질입니더~

콜라캔
돼껍이랑 먹으면 맛있어용!

속 피부인 '진피'에는 중요한 게 많이 들어 있는데

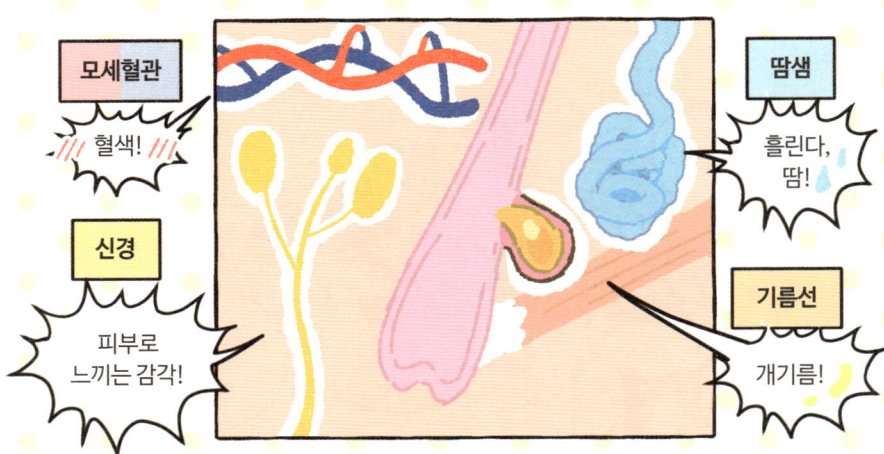

모세혈관 — 혈색!
신경 — 피부로 느끼는 감각!
땀샘 — 흘린다, 땀!
기름선 — 개기름!

털세움근의 끝부분이 붙어 있는 '표피'는 가장 바깥쪽에 있는 피부로

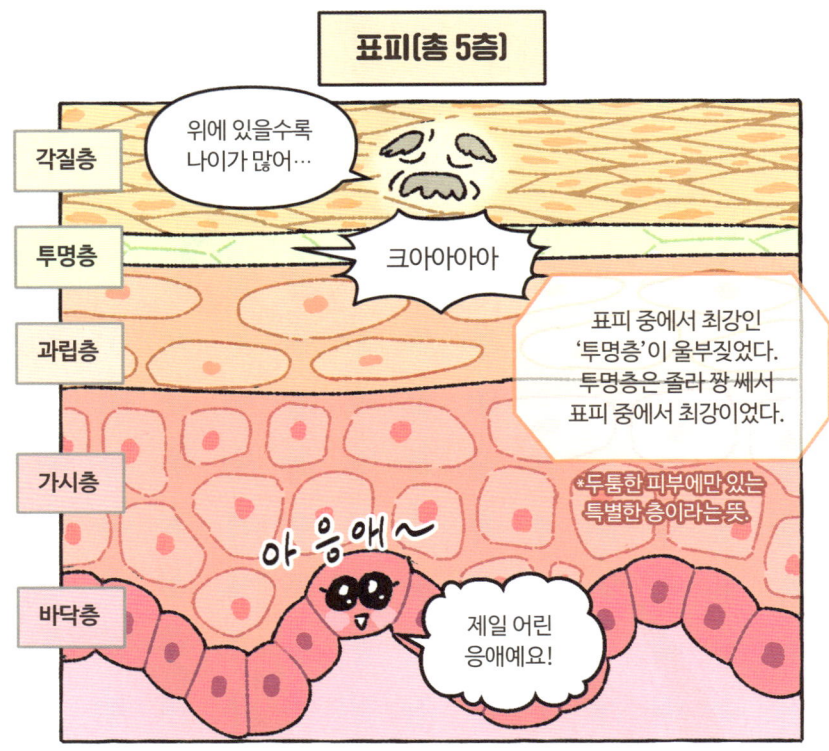

여기서 위에 있는 오래된 각질층이 떨어져 나온 게 때때로 보는 '때(각질)'이다.

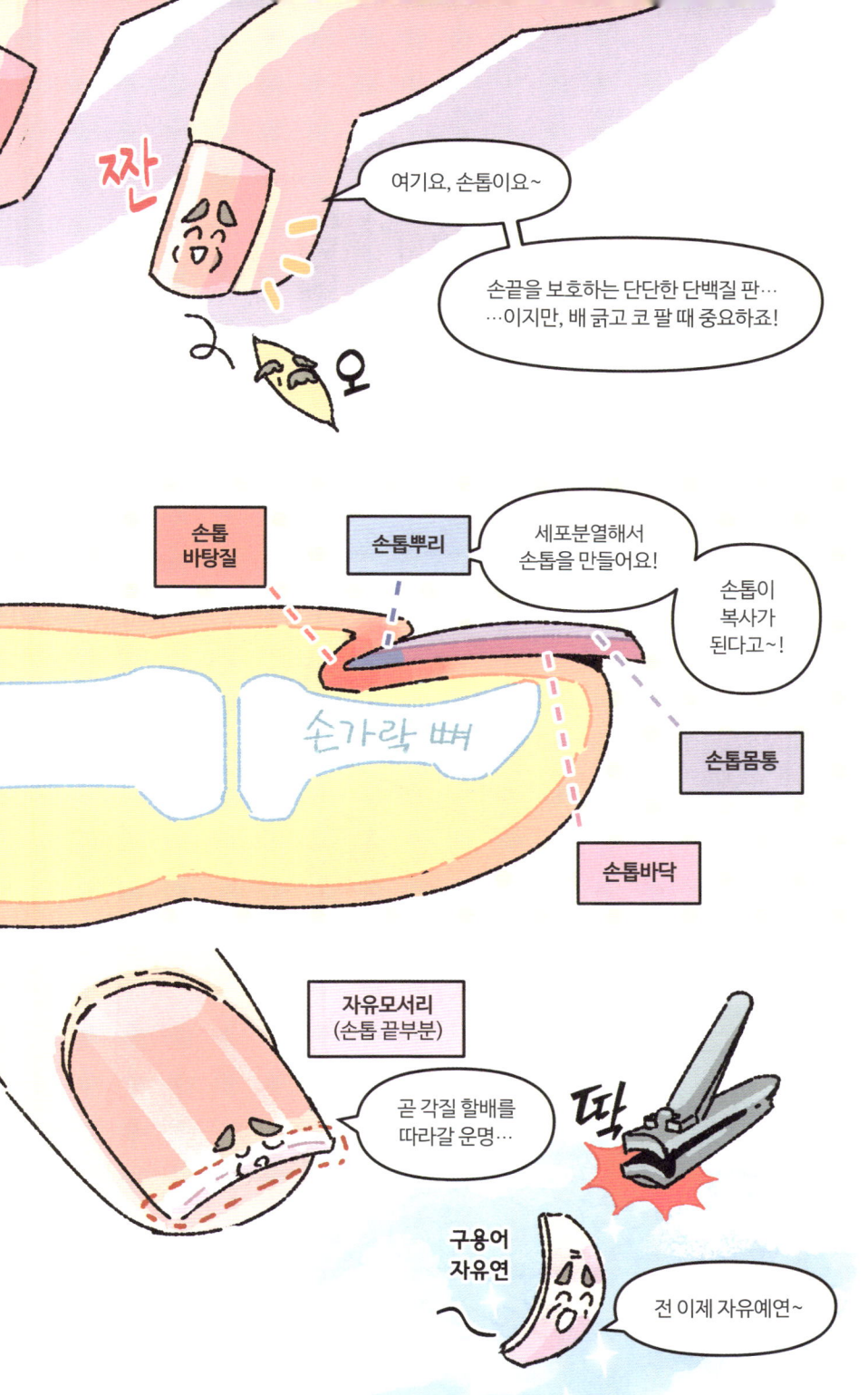

풍성한 털은 몸을 따뜻하게 보호하고 외관도 꾸며준다. 그래서⋯

남녀노소 모두 털 달린 것에 끌리는지도 모른다.

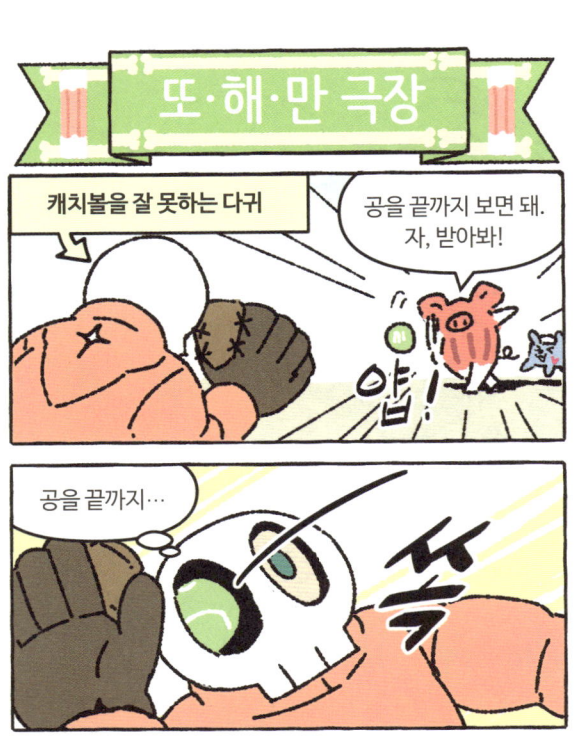

쉬면서 보는 해부학 칼럼

나 혼자만 외과 레벨업(2)

먼치킨이 되어 외과무쌍 전설을 만든 의사 파레. 그런데 그는 말년에 《괴물과 경이에 대하여》라는 특이한 책을 출판합니다. '의학적인 걸 비유한 제목인가?' '파파고가 잘못 번역했나?' 하고 의아해할 법한데, 정말로 괴물과 유니콘 같은 것을 진지하게 다룬 책입니다. 목차를 보면 괴물, 악마, 마법사, 유니콘, 환상, 마법 같은 단어가 나오고, 특히 제목에도 나온 '괴물'은 해양, 지상, 천상으로 세분되어 있습니다. 여기까지만 보면 파레가 《신비한 동물사전》을 미리 만들거나 흑화한 걸로 오해할 수 있으니 조금 더 살펴봅시다.

목차에는 [종자(정자로 추정)의 양이 많거나 부족한 경우] [자웅동체] [임신 시 넘어져 충격이 전해진 경우]처럼 의학적인 내용도 있습니다. 이 중

[유전병으로 괴물이 생겨난 경우] 같은 몇몇 목차로 보아, 지금은 기형이나 장애(선천적, 후천적 모두)에 해당하는 것을 폭넓게 괴물로 본 것 같습니다. ('거 의사 양반 말이 좀 심하시네…'라고 하려다 보니 16세기네요. 시대를 감안하는 걸로…)

그래서 이 책은 "과학과 비과학적인 것이 섞여 아쉽지만, 합리적인 해석의 지평을 연 기형학의 조상" 정도로 평해진다고 합니다. 그런데 조금 다른 해석도 있습니다.

젊은 파레가 의수와 의족을 통해 (통상적으로 얘기하는) '불완전한 몸'을 '완전한 몸'에 가깝게 만들려 했다면, 노년의 파레는 치료나 보완이 아닌, '사례 수집'과 '기록'에 초점을 맞춘 게 아니냐는 것이죠.

다르게 말하면, 자연이 만드는 불완전성을 '편견 없는' 시각으로 받아들여 다양한 사례를 '공유'하는 게 목적이 아니냐는 해석입니다. 저는 이쪽이 좀 더 끌리네요. 물론 후대가 하는 해석에 완벽한 정답은 없지만요.

페이지 배분이 큰일 났기 때문에 이쯤에서 '열린 결말'로 파레의 일대기를 끝내려 합니다. 그래도 '알고 보니 전부 꿈이었다'보다는 나은 결말 아닌가요…? (반박 시 독자님이 옳습니다.)

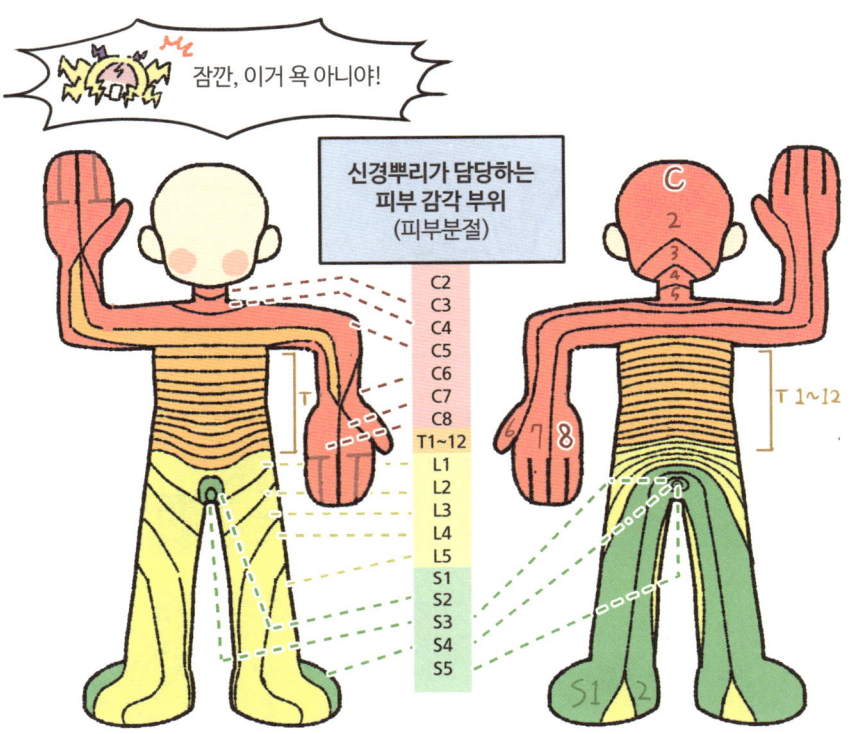

*문헌마다 조금씩 다르고 영역이 칼같이 나뉘기보다는 겹치며 바뀐다.

피부 감각 부위는 척추뼈처럼 이름이 붙어 있는데,
7번까지만 있는 목뼈(C7)와 달리, 8번째(C8)가 있다.

옛날에는 신경에 대한 정보가 적어 핏줄이나 힘줄과
정확하게 구분하지 못했다.

*카데바(해부용 시신)상으로는 색이 비슷함.

이후 데이터가 쌓이고 신경세포를 '염색'해 관찰할 수 있게 되면서
현대적으로 발전하는데

*총 45구역. 단, 기능상의 구분과 완전히 일치하지는 않음.

해부학자 골지의 '골지 염색법'

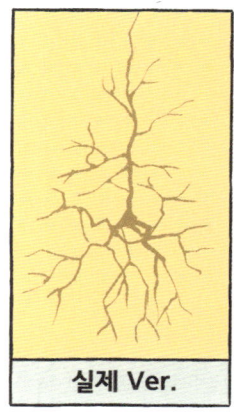

그러거나 말거나, 우리는 뇌를 겉에서 보고
구분하기조차 쉽지 않다.

또 뇌가 받거나 내보내는 신경신호는 '반대쪽으로 크로스'되어

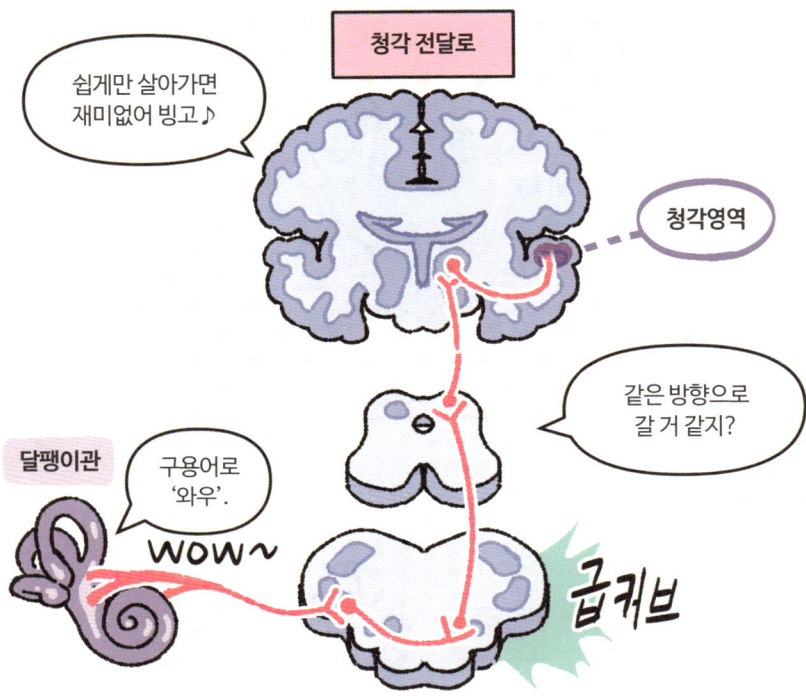

손상되는 뇌의 '반대쪽 몸'에 증상이 생긴다.

물론 이렇게 비비 꼬지 않고, 효율적으로 일하는 부분도 있다.

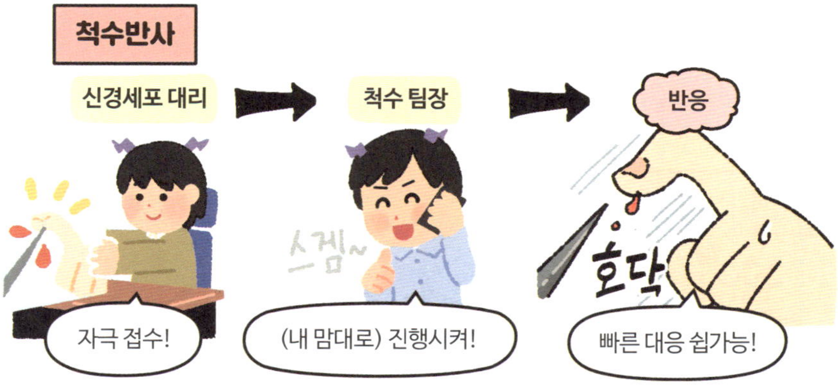

보통 반응

신경세포 대리 → 척수 팀장 → 뇌 부장 → 반응

- 자극 접수!
- 전달!
- 진행시켜.
- 침이핑

척수반사

신경세포 대리 → 척수 팀장 → 반응

- 자극 접수!
- (내 맘대로) 진행시켜!
- 빠른 대응 쉽가능!

또 용도에 따라 여러 종류의 신경섬유가 갖춰져 있다.

신경섬유들 소개할 준비는 됐나, 작가?

흑. 독자님을 위해서라면…

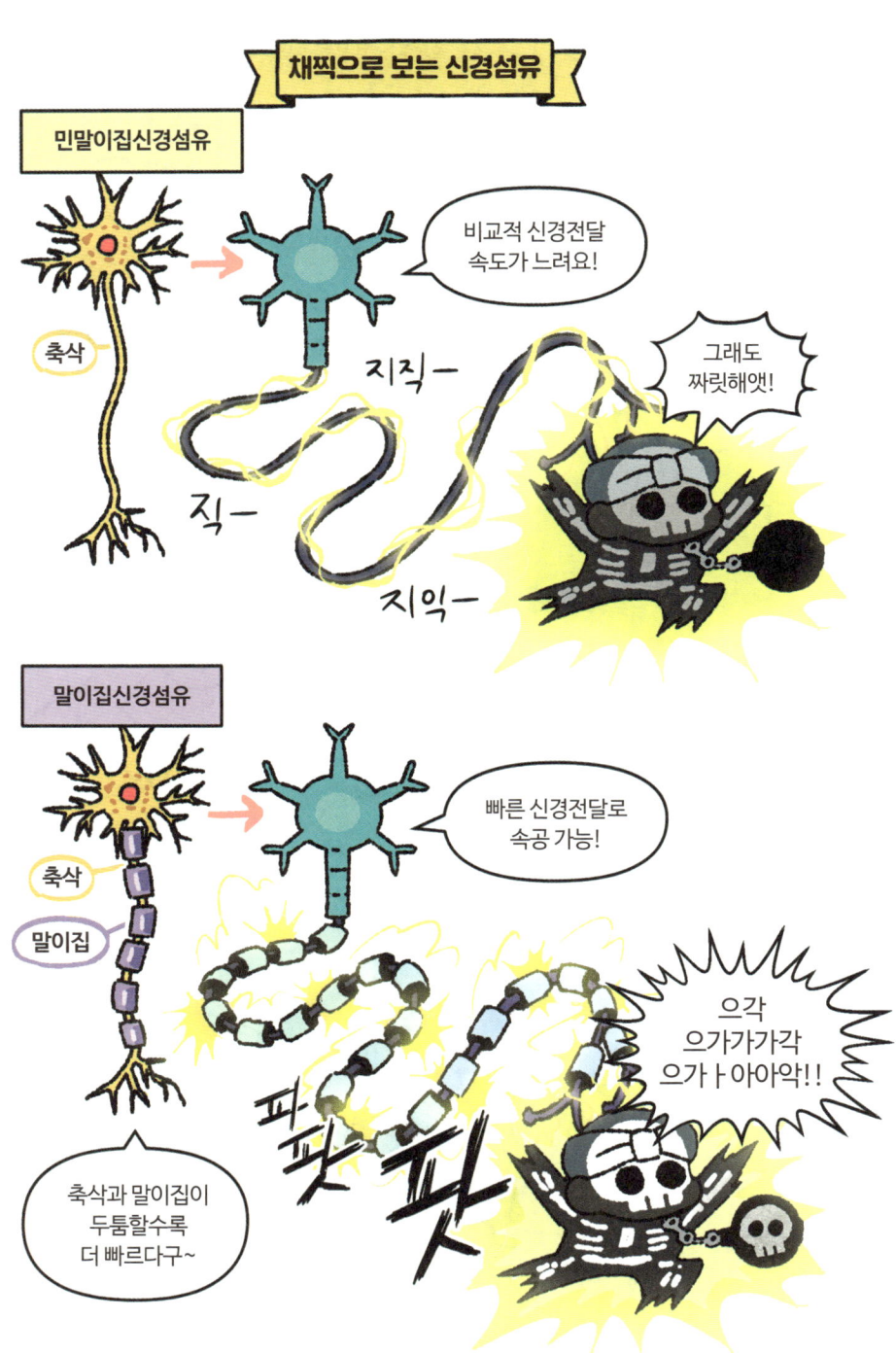

'기분'과 '감정'에 영향을 주는 것도 뇌가 하는 일 중 하나로,
특정 감정을 담당하는 뇌 부위가 있지만

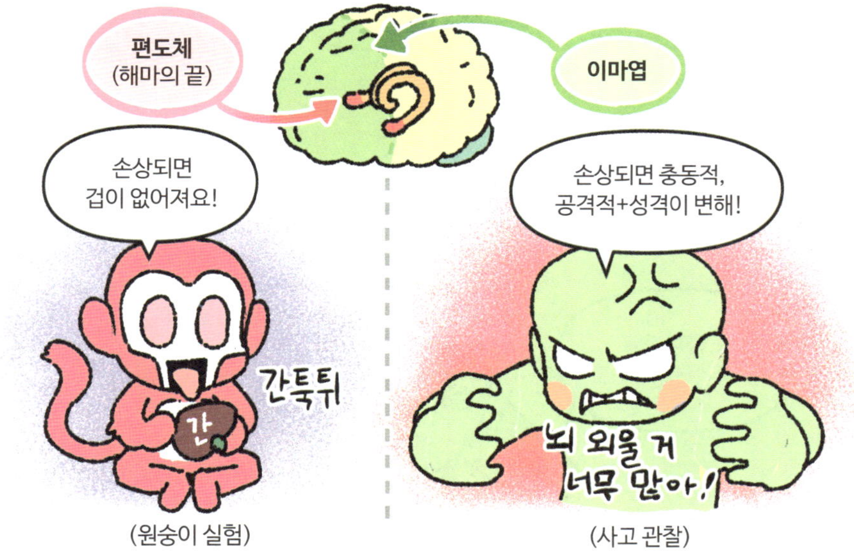

뇌에서 만드는 호르몬, 신경전달물질로도 조절한다.

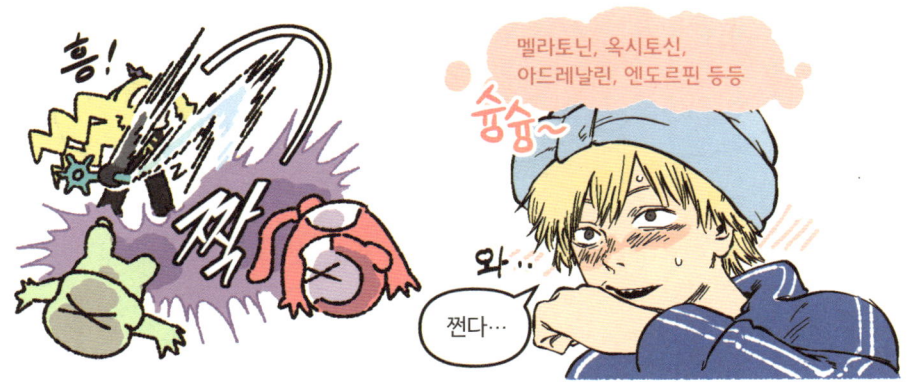

또해만 극장 계속 영업합니다.

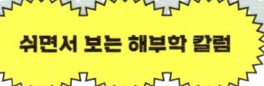
쉬면서 보는 해부학 칼럼

걸음마부터 배우는 걸음(1)

'걷기'는 우리에게 두 번째로 익숙한 운동일 겁니다. (첫 번째는 '숨쉬기 운동'.) 일상생활에서 자연스럽게 하는 행동이기도 하죠.

　종종 어떤 이유에서든 걷는 동작을 다시 배우는 사람들을 봅니다. '아기도 아닌데 걸음마를 배운다'고 부끄러워하는 사람도 있는데, 구경하는 저는 부러웠습니다. 기회가 된다면 걸음마다 '응애'를 외치며 배울 자신이 있는데… 어찌저찌 그냥 살고 있지만, '걷기'에 대한 생각을 종종 합니다.

　모든 운동이 그렇지만, 내가 움직이는 모습을 혼자 파악하는 건 어렵지요. 당연히 전문가에게 배우는 게 좋은데, 그 전에 이걸 보면 좀 더 흥미가 생기지 않을까 싶네요.

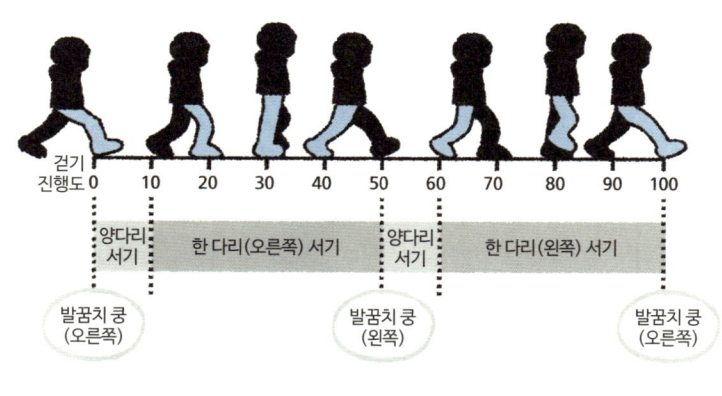

단순히 '사람은 두 발로 걷는다'고 생각했는데, 이렇게 보니 두 다리를 번갈아 쓰다가 '한 다리로 서 있는' 순간이 깁니다. 더 빨리 걸으면 한 다리만 닿는 시간이 길어지고, 느리게 걸으면 두 다리 모두 닿는 시간이 길어지는데, 당연히 두 다리 모두 땅에 닿았을 때 안정적이니, 천천히 걸을수록 안정성이 커진다고도 할 수 있겠지요. (어르신들이 천천히 걷는 이유 중 하나.)

 걷기도 다른 운동처럼 '단계가 나눠진 동작'이라는 걸 전하고 싶었는데, 어떻게 잘 전달이 됐을지 모르겠습니다.

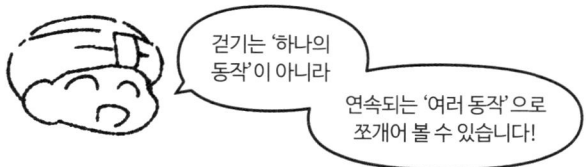

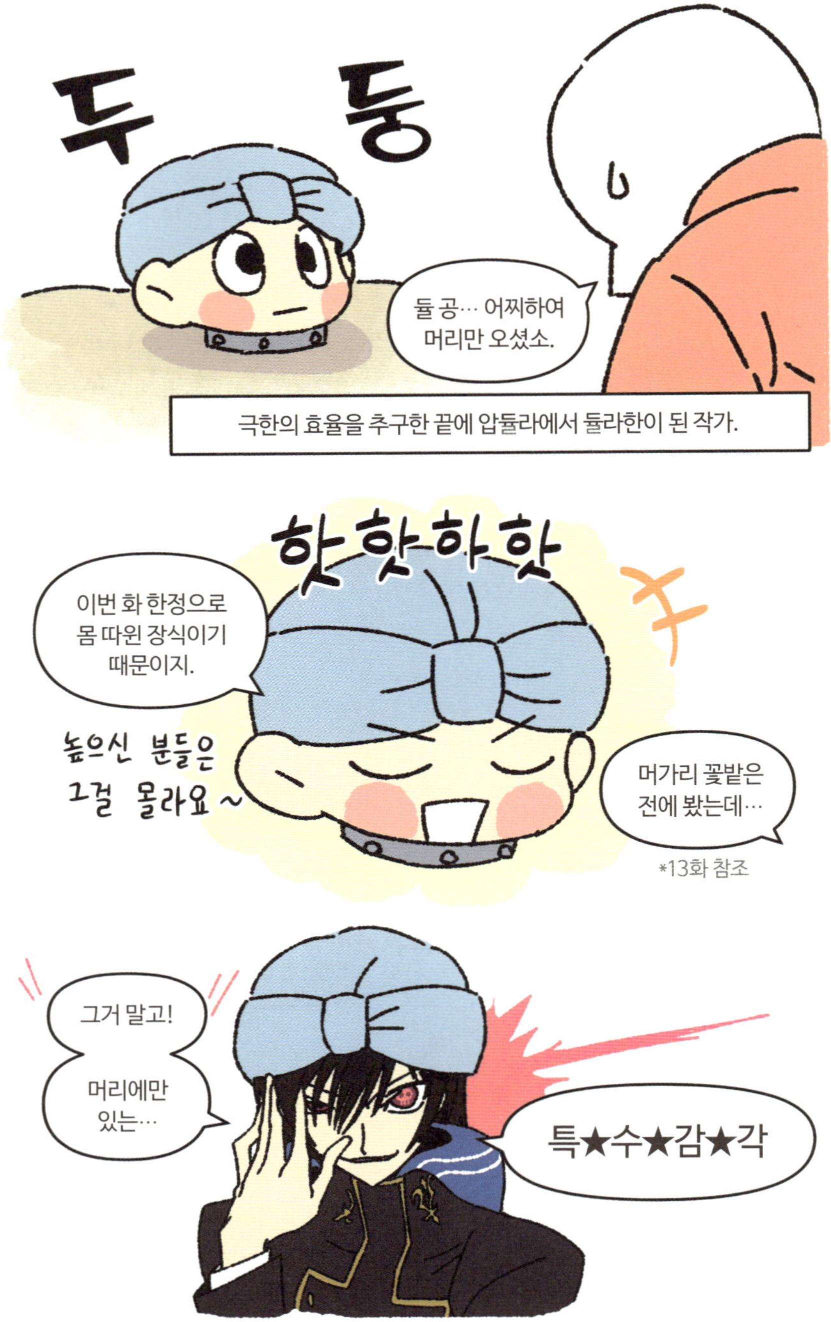

머리에는 온몸에 있는 일반감각(온도, 통증, 촉감 등)과 다른 4개의 특수감각이 있다.

눈: 시각
'빛'을 감지하는 감각

빛은 여러 개의 '렌즈'를 거쳐 눈에 들어오는데

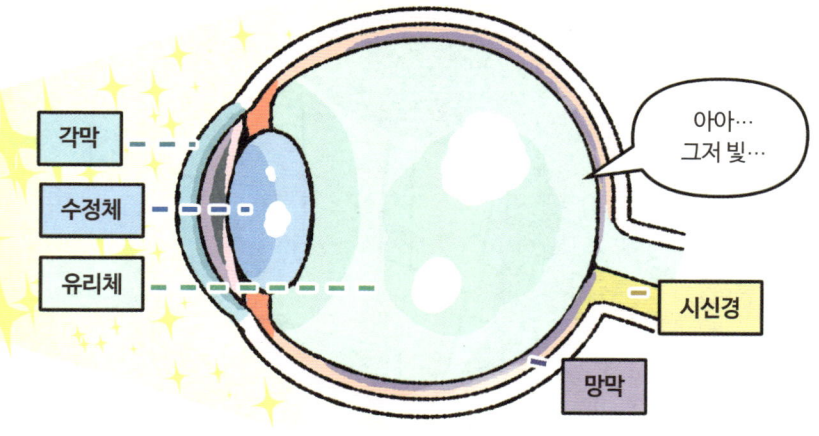

이 렌즈 중 '수정체'는 빛이 휘어지는 정도를 크게 조절해 딱 '망막'에 닿게 한다.

그리고 전 수정체를 조물딱거리는 렌즈 장인이죠. ㅎㅎ

수정체를 감싸는 근육 (섬모체근)

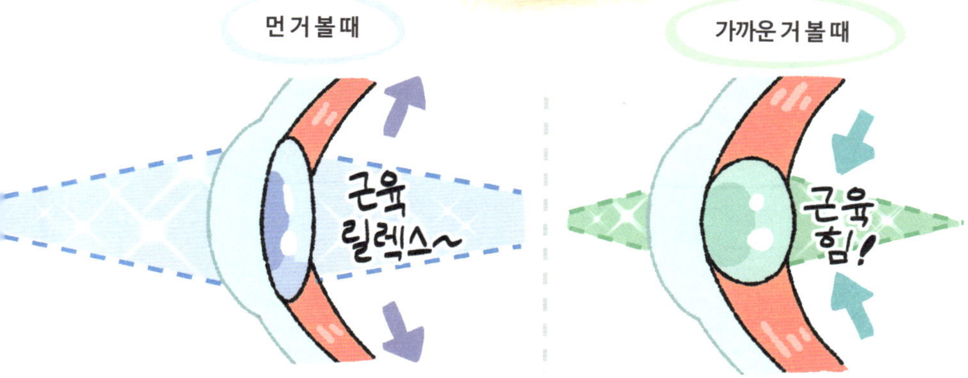

먼 거 볼 때

근육 릴렉스~

얇은 수정체는 빛이 '덜 휘고 길어져' 망막에 골인

가까운 거 볼 때

근육 힘!

통통한 수정체는 빛이 '더 휘고 짧아져' 망막에 골인

안경이나 콘택트렌즈도 수정체와 같은 원리로 눈을 보완해준다.

얇은 수정체 = 오목렌즈

통통 수정체 = 볼록렌즈

갓경의 위대함을 이제 아시겠죠?

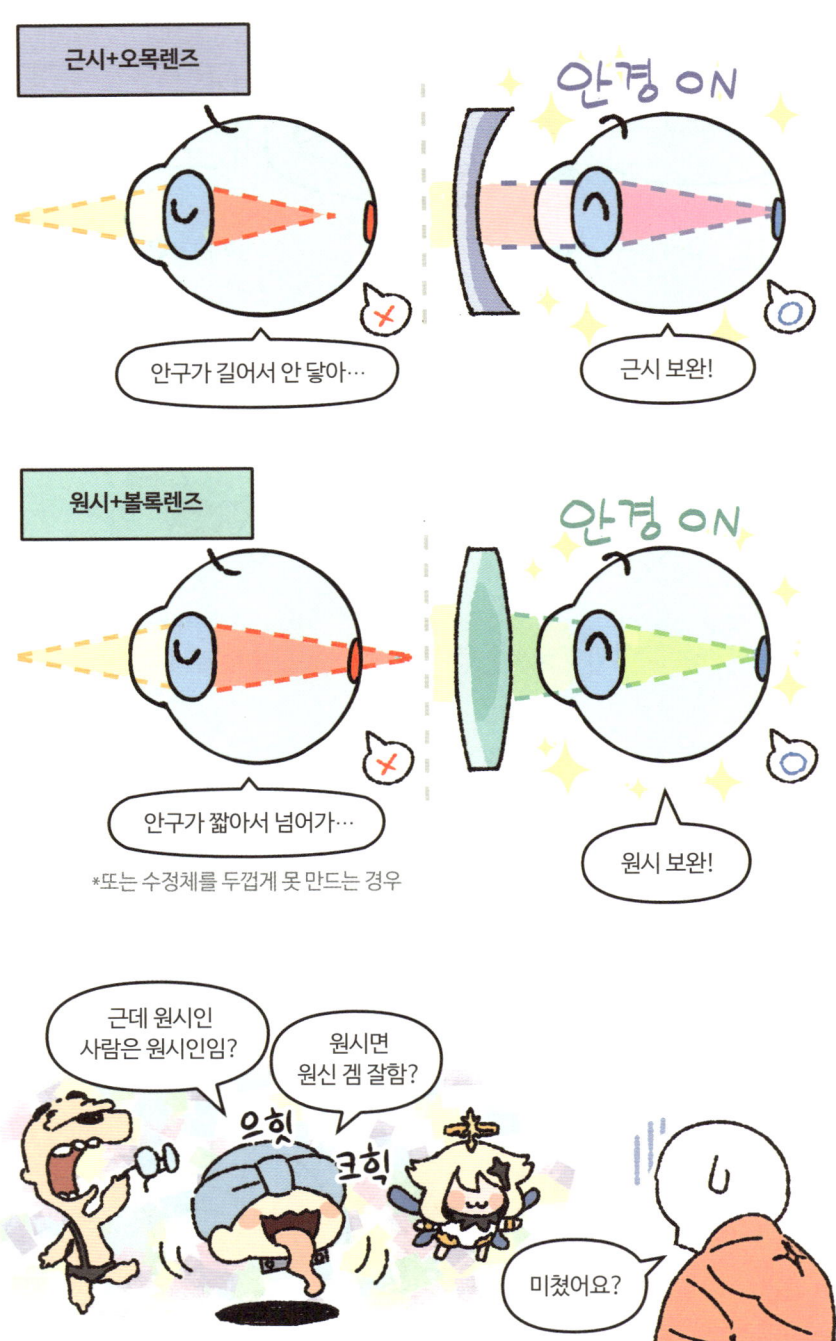

이렇게 망막에 닿은 빛 자극은 빛감지세포를 거쳐 뇌로 전달된다.

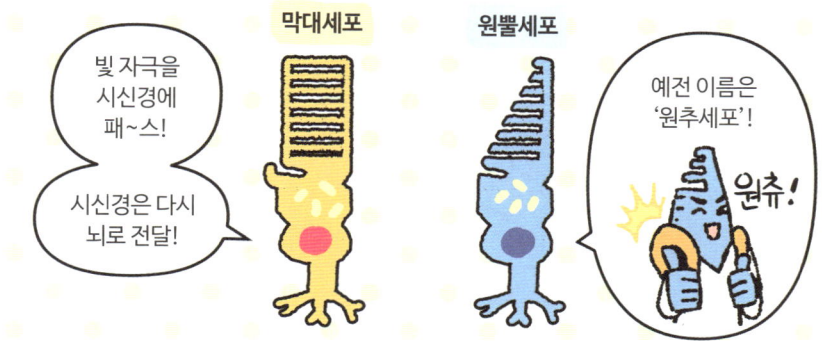

이중 원뿔세포는 3개의 색으로 종류가 나뉘는데,
3개를 전부 갖지 못할 경우 색맹이 된다.

냄새는 냄새 분자가 콧속 점액에 녹아야 느낄 수 있다.

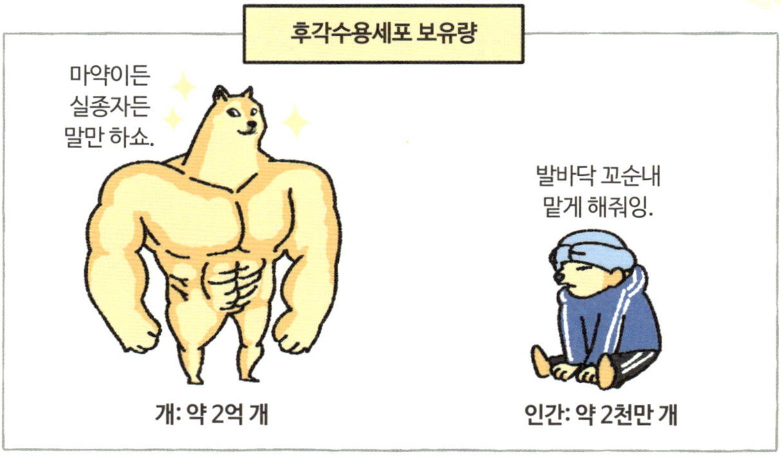

후각수용세포 보유량

마약이든 실종자든 말만 하쇼.

개: 약 2억 개

발바닥 꼬순내 맡게 해줘잉.

인간: 약 2천만 개

후각수용세포 약 202,000개로 추정

후각을 담당하는 곳은 감정과 기억을 담당하는 곳과 붙어 있어, 냄새를 맡을 때 관련된 기억이 더 잘 떠오르기도 한다.

후각망울

변연계 (해마, 편도체 포함)

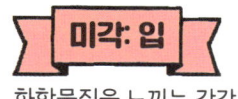

미각: 입
화학물질을 느끼는 감각

미각도 후각처럼 맛 분자가 입속의 침에 녹아야 감지할 수 있고

미각을 통해 5가지(단, 짠, 신, 쓴, 감칠) 맛에, 나중에 추가된 '기름 맛'을 더한 총 6가지 맛을 느낄 수 있다.

맛봉오리에서 '지방산 수용기 발견' 후 6번째 맛으로 합류.

청각: 귀

기계적인 자극인 '파동'을 느끼는 감각

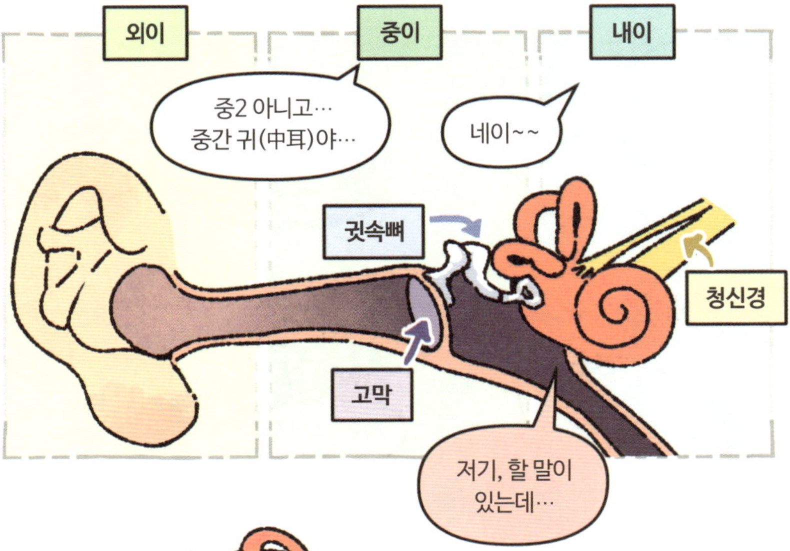

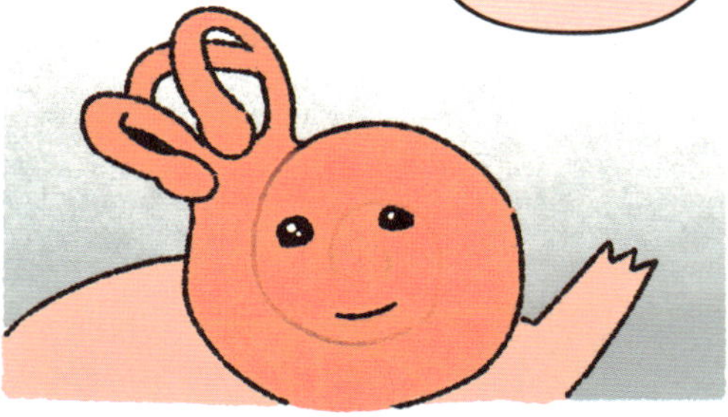

청각은 소리의 '진동'이 만드는 신호를 뇌가 전달받는 것이다.

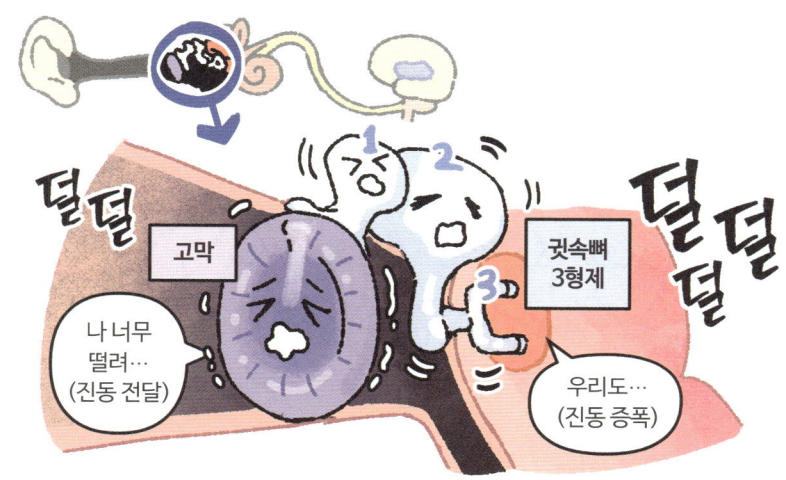

사실 앞에서 언급하지 않은
'평형감각'도
여기서 감지하는데

달팽이관과 비슷한 방법으로 빠른 움직임,
기울어짐, 회전을 느끼고

때에 따라 별과 무지개를 보여주기도 한다.

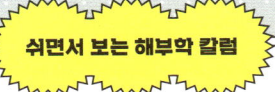

걸음마부터 배우는 걸음(2)

앞에서 본 걷기 동작 중 '발이 땅을 밟는 구간'을 확대했습니다. 발꿈치가 땅에 닿을 때부터, 발바닥 중앙을 거쳐 발가락 끝이 떨어질 때까지죠. 이 구간에만도 여러 가지 일이 일어납니다.

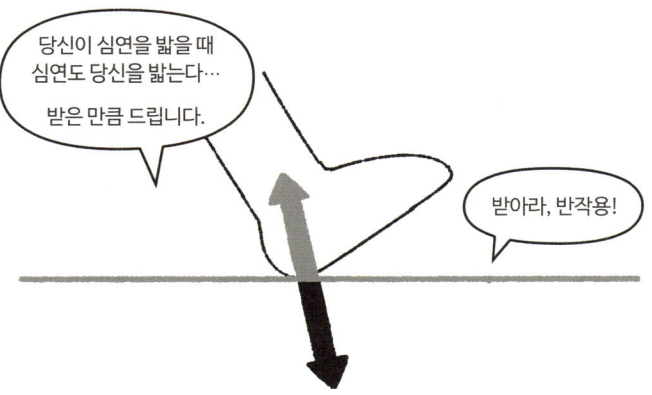

뒤꿈치부터 발가락 끝까지 순서대로 땅을 박차는 동안, 동시에 땅도 제 발을 밀어냅니다. 지구에 거부당해서 그런 건 아니고, 발이 땅에 충격을 주는 만큼, 땅도 발에 충격을 줘서 그렇습니다. 뉴턴이 국룰이라고 하더군요. (뉴턴 제3법칙: 작용과 반작용의 법칙.)

*목말밑관절의 가쪽돌림 토크 발생

그중에서도 뒤꿈치가 땅에 닿을 때, 발바닥 바깥쪽이 들리는 듯한 힘이 가해집니다. 보통은 적당히 조절하는데, 발바닥 아치가 잘 지지되지 않을 경우, 이 힘이 계속 진행돼 발 안쪽이 푹 내려가기도 합니다. 뒤에서 보면 발바닥이 살짝 바깥을 보듯 꺾이는 거죠.

이렇게 오래 걸을 경우 피로나 통증을 느낄 수 있는데요, 어떻게 아냐면, 저도 알고 싶지 않았습니다. 우리 평발 파이팅…

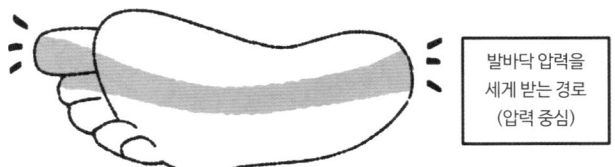

발바닥 압력을 세게 받는 경로 (압력 중심)

그런데 혹시 발바닥에서 가장 강하게 땅을 미는 부위를 느껴본 적이 있나요?

걸을 때 발이 받는 힘은 부위마다 조금씩 다른데, 보통 위와 같은 경로를 중심으로 힘을 크게 받습니다. 압력 중심이라고도 부르지요.

아직 느껴본 적이 없다면 걸을 때 발바닥의 감각에 집중해보세요.

발의 감각을 키우는 건 걷기뿐 아니라 땅에 발을 붙이고 하는 모~든 운동에 도움이 될 테니까요!

인간은 대개 사회적 관계를 맺길 원하지만,
종종 혼자서 모든 걸 다 하는 사람이 있다.

우리 몸도 서로서로 의지하며 지내는데

유독 고독한 장기가 있다.

심장은 몸의 다른 부분보다 독립적인 편이다.

심장독립일기

일단 몸 어디에도 없는 '특수한 근육'을 갖고 있고

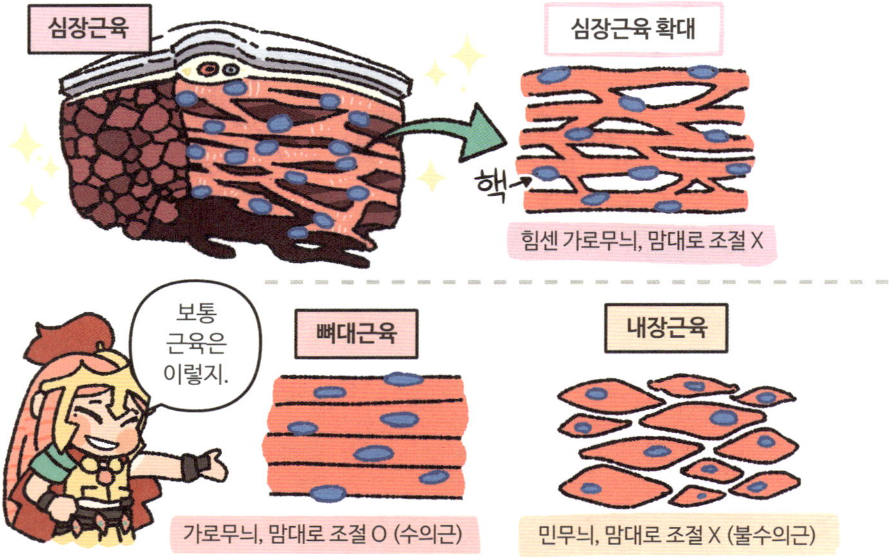

뼈대근육은 신경의 신호를 받고 움직이는데

심장은 그 '신호'를 스스로 만들어낸다.

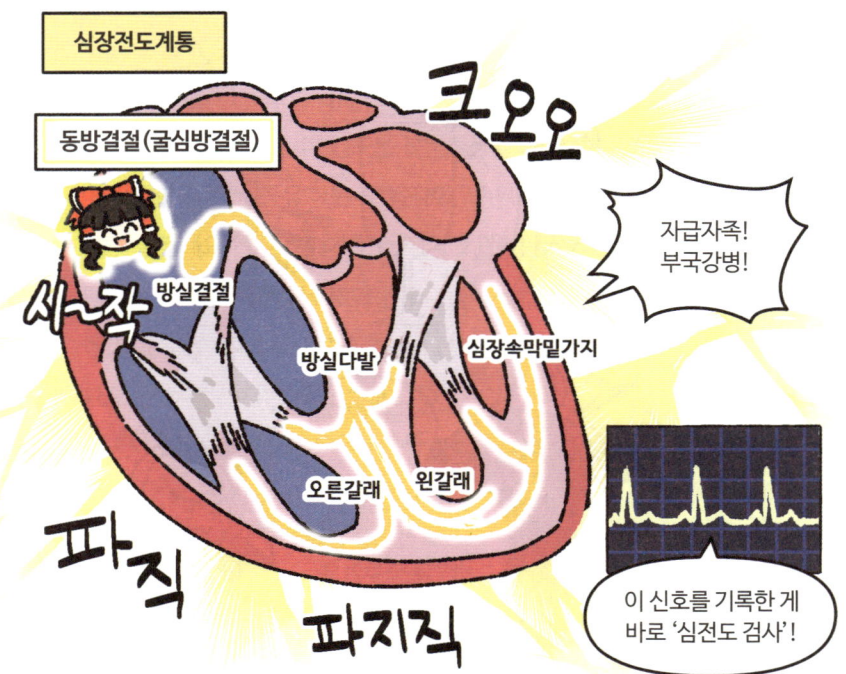

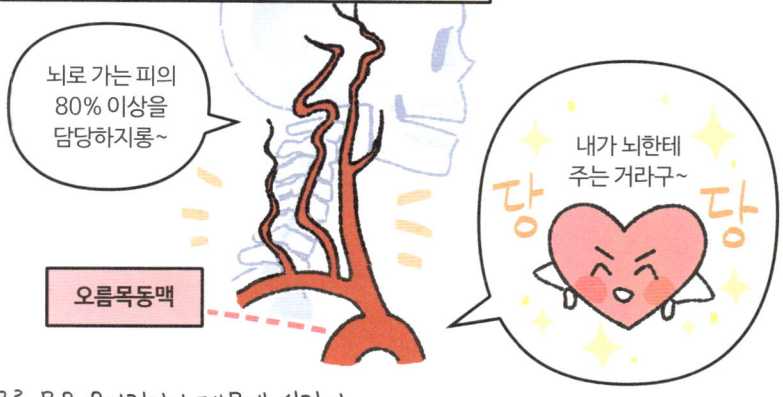

물론 몸은 유기적이기 때문에 심장이
그 누구의 도움도 없이 전신에 혈액을 퍼주는 건 아니다.

하지만 심장퀸은 고독해야 한다.

우리 몸은 꽤 튼튼해서, 뼈나 근육에 문제가 생겨도 살아가고
신경계가 힘을 잃더라도 어떻게든 굴러갈 수 있지만

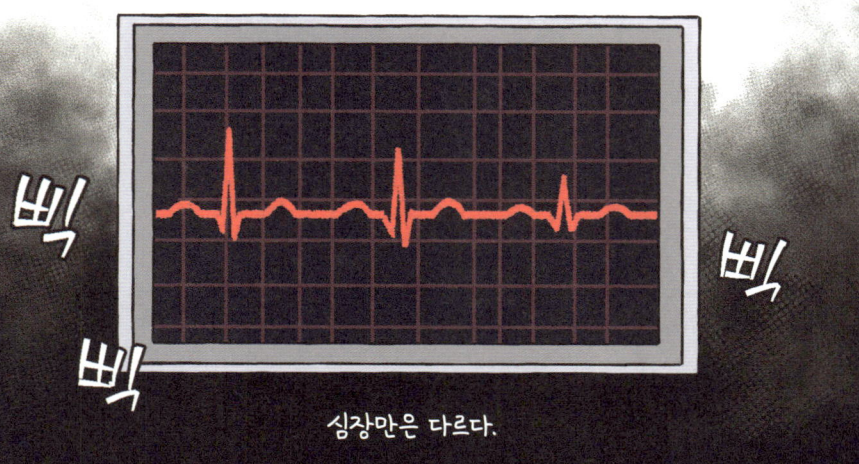

심장만은 다르다.

다른 장기가 쓰러지는 때가 온다면
마지막 숨은 오직 그녀에게 달려 있을 것이니

최후의 여왕은 고독해야만 하는 것이다.

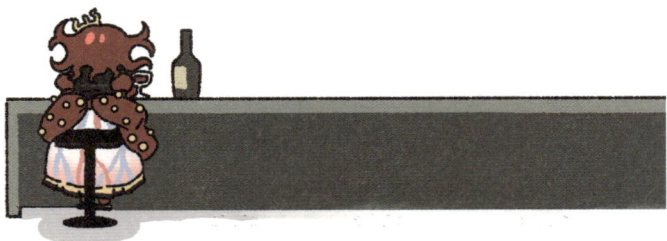

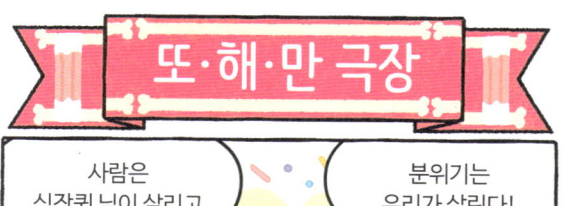

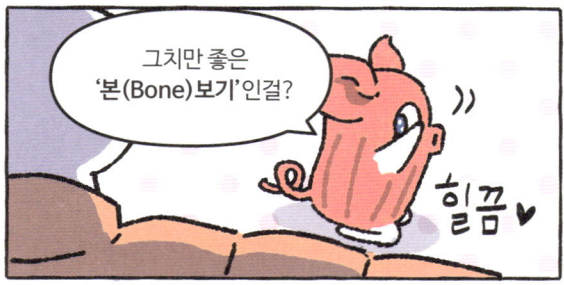

쉬면서 보는 해부학 칼럼

이상근 이상하다

우리 몸의 엉덩이 안에는 '이상근'(요즘 말로 궁둥구멍근)이라는 근육이 있습니다. '이상이 있거나 이상한 근육'이 아니라, '서양배 모양 근육(梨狀筋)'이라는 뜻입니다. 그런데 양심 고백을 하자면… 사실 이상근은 이상한 근육이 맞습니다.

보통 근육은 붙어 있는 위치에 따라 하는 일이 정해져 있는데요, 예를 들면 '손바닥 쪽 근육'이 수축하면 손을 오므리고, '손등 쪽 근육'이 수축하면 손을 펴며 '서로 반대되는 일'을 합니다.

손바닥 쪽 근육이 아무리 손을 펴고 싶어도, '반대되는 위치'에 있기 때문에 손등 쪽 근육을 대신할 수 없습니다. 다른 뼈로 이사라도 가지 않는 한 불가능하죠. (가면 큰일 납니다.)

그런데 이상근은 이런 '반대되는 일'을 둘 다 할 수 있습니다. 어떻게 그게 가능할까요? 설마 근생 2회차 중인 치트근육이라도 되는 걸까요?

답은 '엉덩이 관절의 각도'에 있습니다. 좀 기니까 간단히 '엉덩각'이라고 불러보지요.

서 있는 사람의 엉덩각은 '0도'입니다. 이때 이상근의 '축'이 뒤쪽으로 쏠려 있는데, 힘을 주면 자연스레 축과 무게중심이 있는 뒤쪽으로 수축합니다. 결과적으로 허벅지가 돌아가는데, 정리해서 말하면 [엉덩각 0도일 때 이상근이 수축하면 허벅지가 '바깥 방향'으로 (발을 벌리며) 돌아간다]는 것이지요.

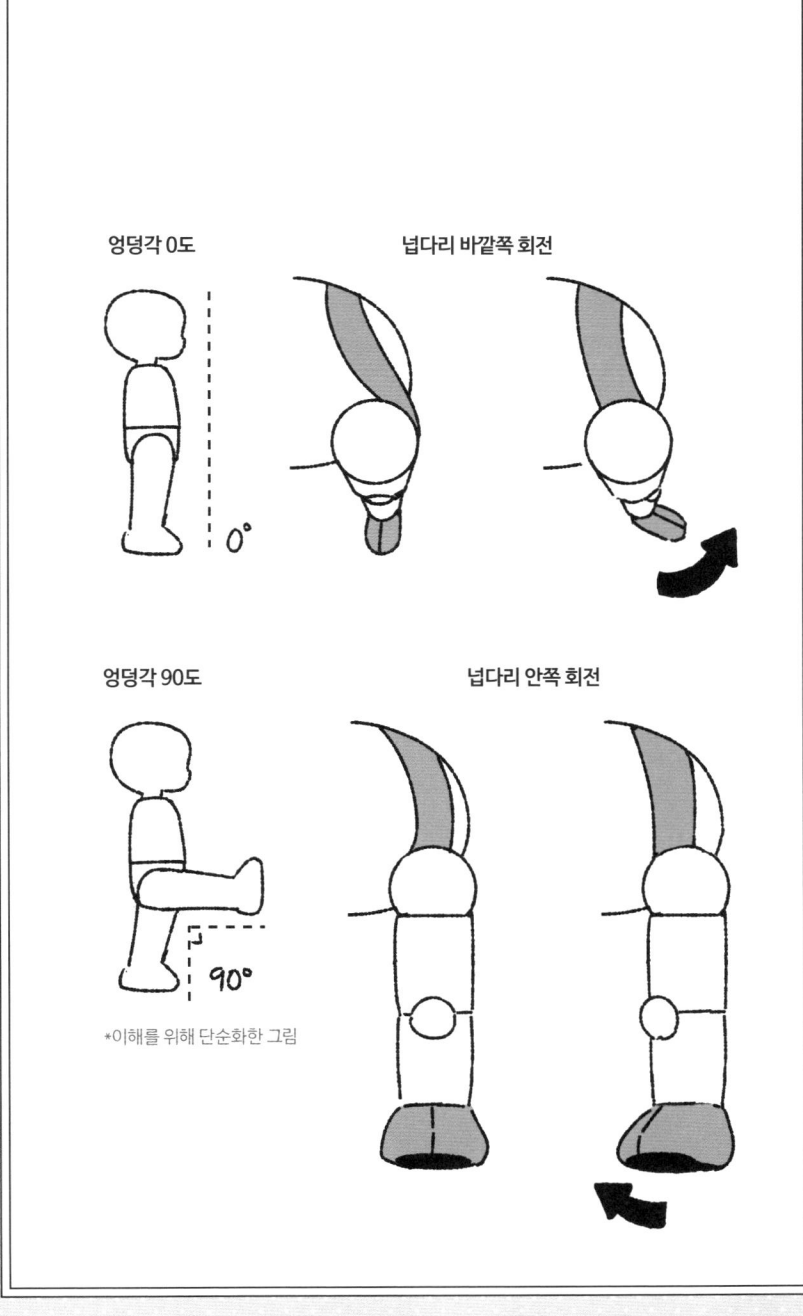

반면 허벅지를 땅과 나란히 들면 엉덩각은 '90도'가 됩니다. 이때 이상근은 주변 뼈에 눌리거나 늘어나서 모양이 살짝 변하는데, 그 결과 반대 방향인 앞쪽으로 무게중심이 넘어가고, 힘을 주면 축과 무게중심이 있는 앞쪽으로 수축합니다. 앗? 이 익숙한 느낌은…?!

정리하면 [엉덩각 60도 이상일 때 이상근이 수축하면 허벅지가 '안쪽 방향'으로 (발을 모으며) 돌아간다]는 것입니다.

이상근은 엉덩각에 따라 완전히 '반대 방향'인 일을 '둘 다' 하는, 어찌 보면 '닉값'을 하는 근육인 것이지요. (한자 이름 한정이지만요.)

ERROR NOTE
에러노트

18화

: 세월을 정통으로 맞아버린 해부학

흔히 보는 해부도는
사실 이상향에 가깝다.

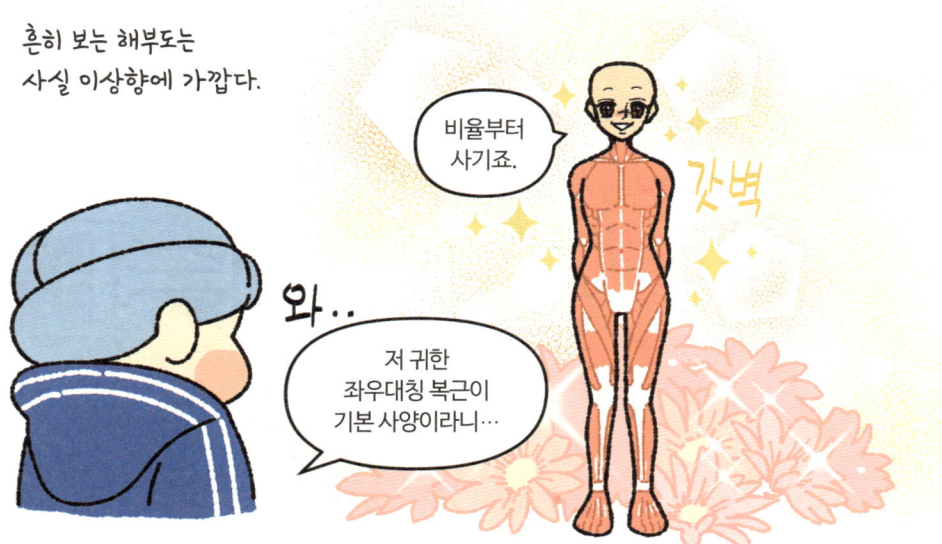

먼 훗날 '현실이 될 해부 그림' 중 그나마 친숙한 건
역시 뼈와 근육일 것이다.

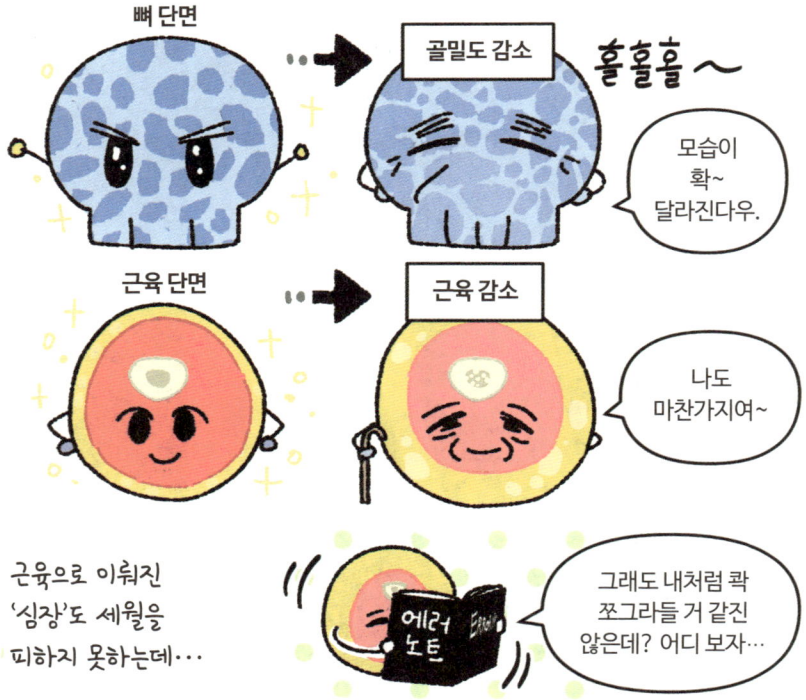

● ERROR 01. 심장

'심장'은 비교적 겉모습에 큰 차이가 생기지 않지만, '탄력'을 잃어 생기는 변화를 겪는다.

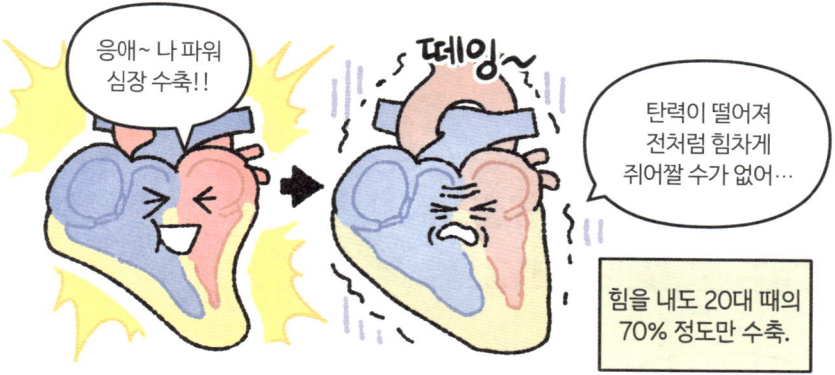

심장만큼은 아니지만 근육으로 둘러싸인 '혈관'도 탄력 저하의 영향을 피하지 못한다.

● ERROR 02. 혈관

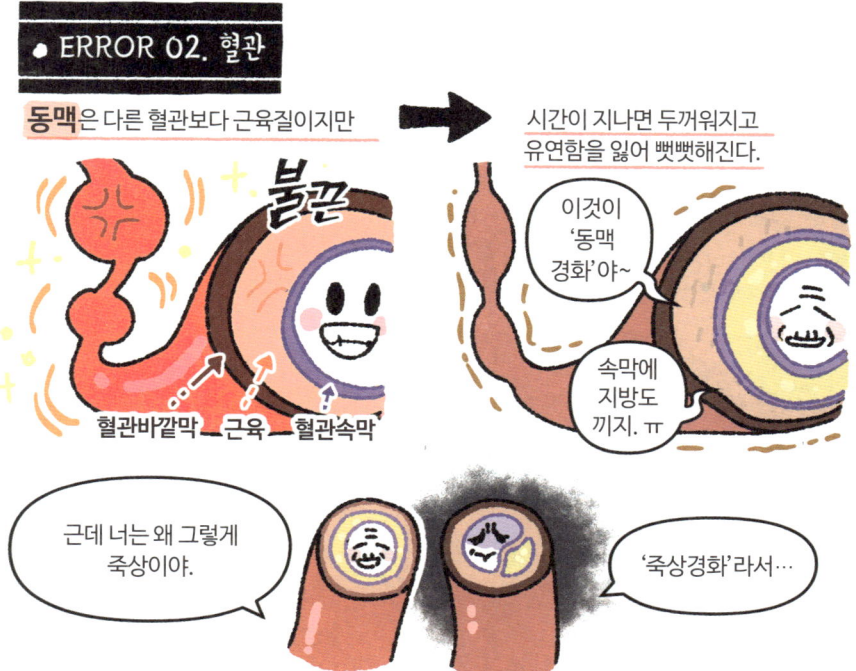

● ERROR 03. 소화계

소화계도 내장근육의 탄력 저하로 모습이 변할 수 있고

● ERROR 04. 간, 신경계

크기가 작아지는 장기도 있다.

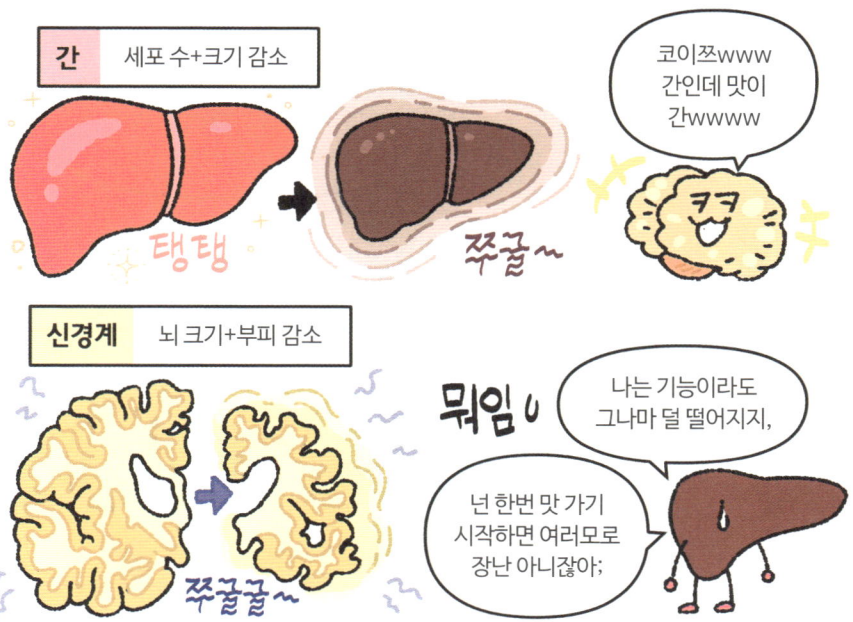

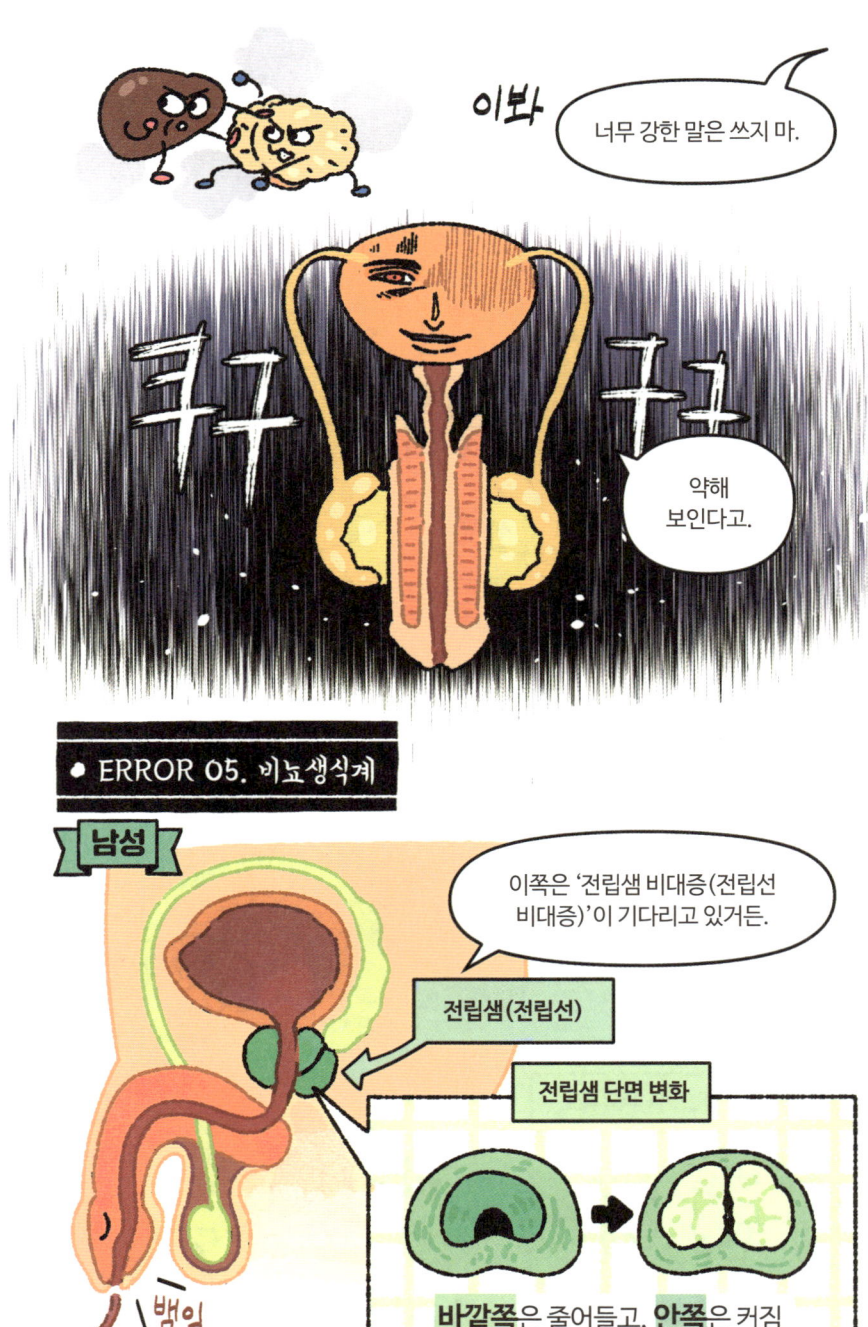

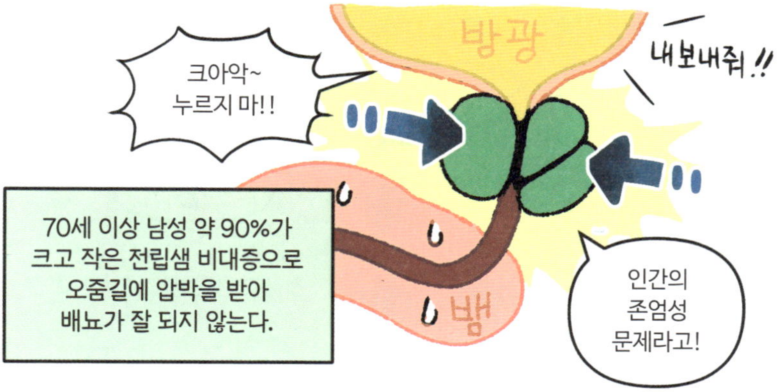

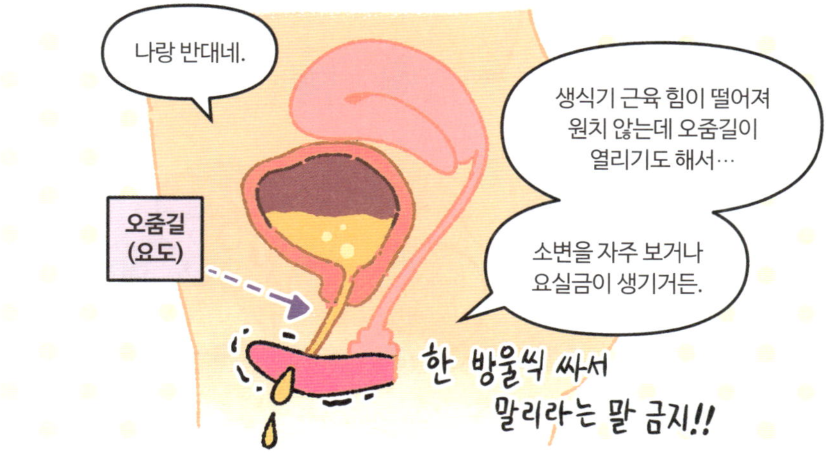

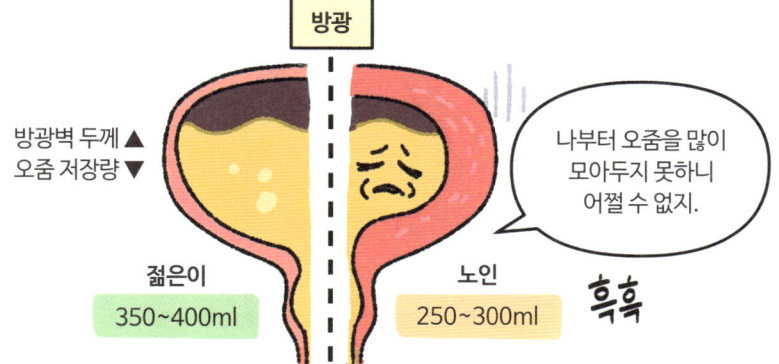

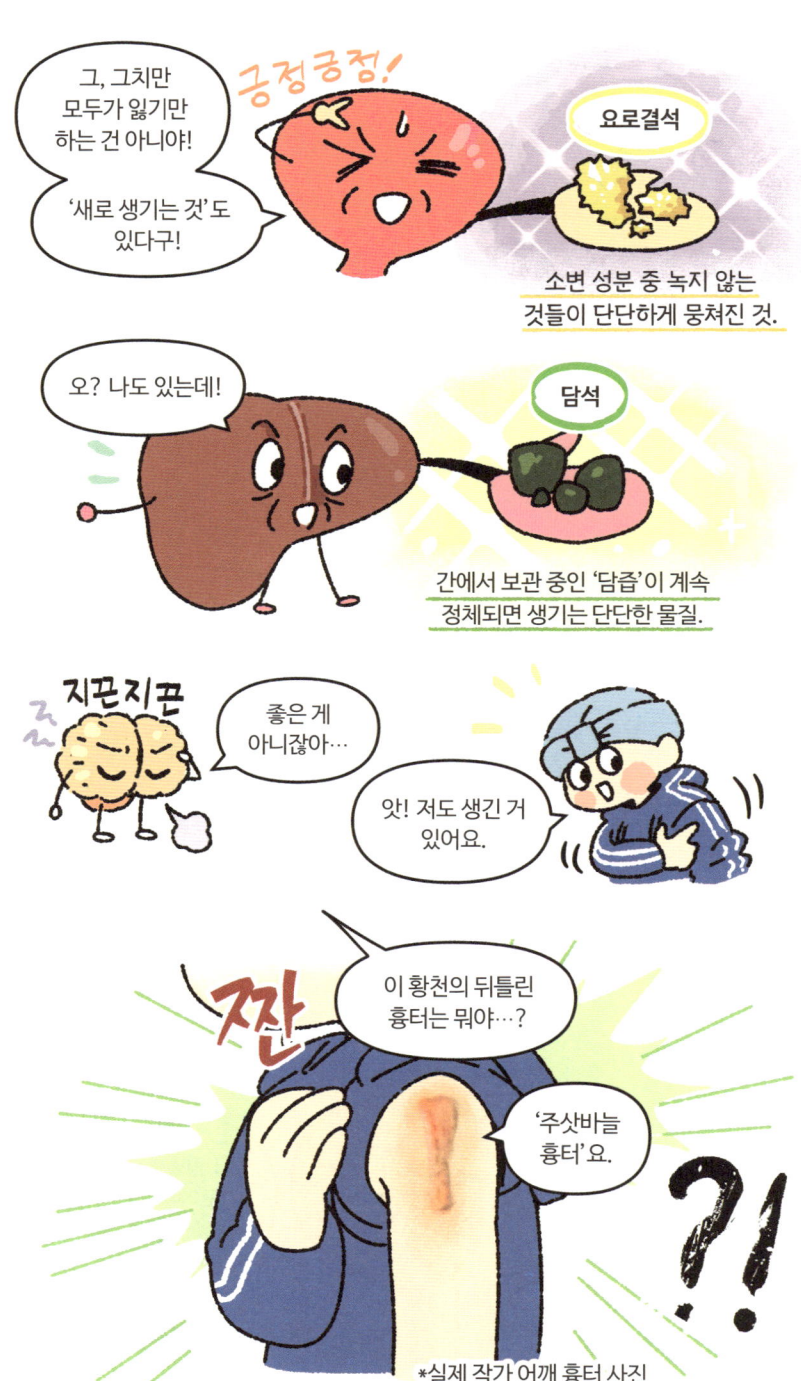

켈로이드 상처 난 자리에 새살이 '과하게' 나 덩어리진 형태.

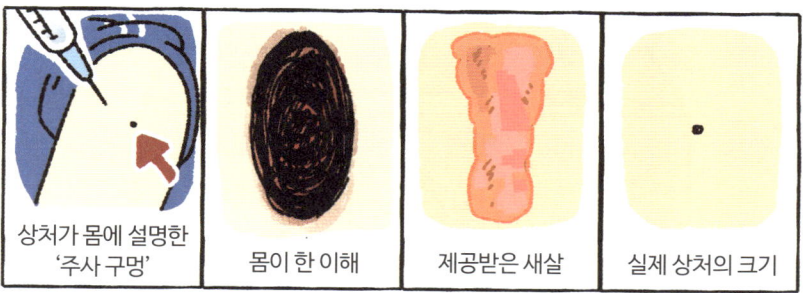

| 상처가 몸에 설명한 '주사 구멍' | 몸이 한 이해 | 제공받은 새살 | 실제 상처의 크기 |

사실 앞에서 말한 곳뿐만 아니라 '몸 전체는 결국 늙는다'.

● ERROR 06. 전신

육체는 시간과 중력에 패배할 운명…

따 악

아이코~

운명의 페이트인 것이죠

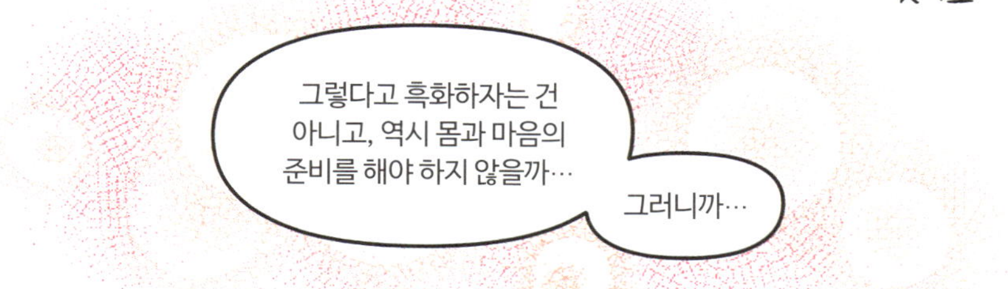

그렇다고 흑화하자는 건 아니고, 역시 몸과 마음의 준비를 해야 하지 않을까…

그러니까…

미래의 나야, 너만 믿는다!!

탱자탱자~

또·해·만 극장

♥ 쉬면서 보는 해부학 칼럼 ♥

♥ 세포 아이돌 ♥　　♥ 데뷔 한정 굿즈 ♥

♥ 포토카드 4종 ♥　　♥ 포카홀더 2종 ♥

♥ 마스킹 테이프 2종 ♥　　♥ 스티커 1종(2장) ♥

♥ 아크릴 스탠드 세트 ♥　　♥ 공식 응원봉 ♥

그동안 《해부학 만화》에는 알게 모르게 세포가 많이 나왔다.

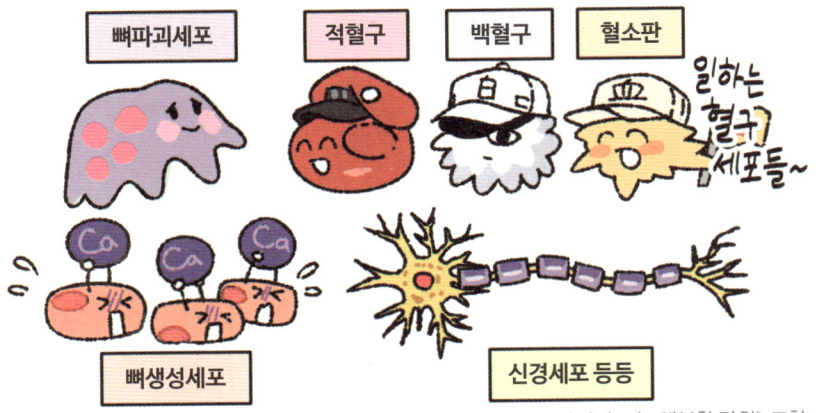

이렇게 가랑비에 옷 젖듯 '세포'를 등장시킨 이유는…

'한 사람'을 구분하는 기준은 여러 가지가 있다.

'생물'도 여러 기준을 충족해야 '독립된 생명'으로 보는데

단 '하나의 세포'로도 생명은 성립될 수 있다.

'세포'는 생명의 기본단위이자 '근본'이라 할 수 있는 것이다.

당연하지만, 생명이 탄생하는 '근본'도 세포인데

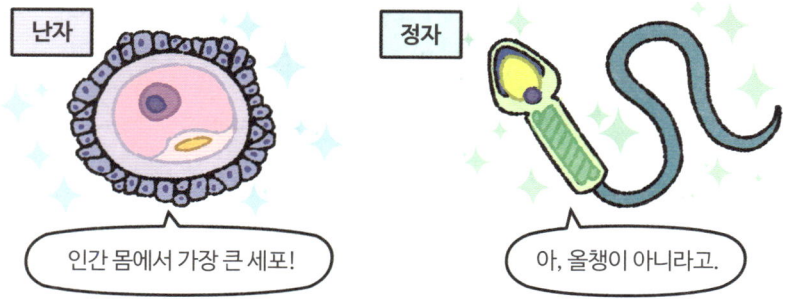

인간 몸에서 가장 큰 세포!

아, 올챙이 아니라고.

이 중 '정자'는 보통 세포가 동그란 걸 생각하면 꽤 특이한 편이다.

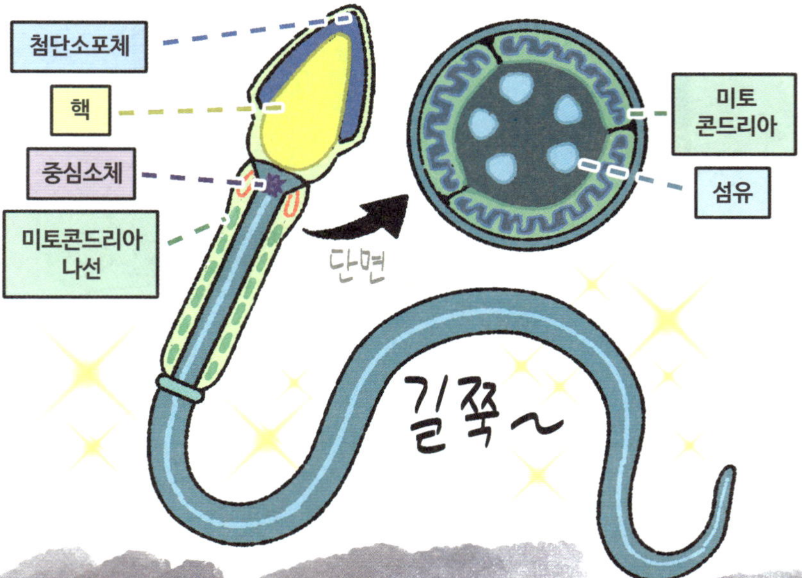

첨단소포체
핵
중심소체
미토콘드리아 나선

단면

미토콘드리아
섬유

길쭉~

은근 팬층이 있는 '박테리오파지'와 비슷한 그림체

박테리오파지 (바이러스)

불시착한 우주선 같아서 멋져♡

파지 대지에 서다…!

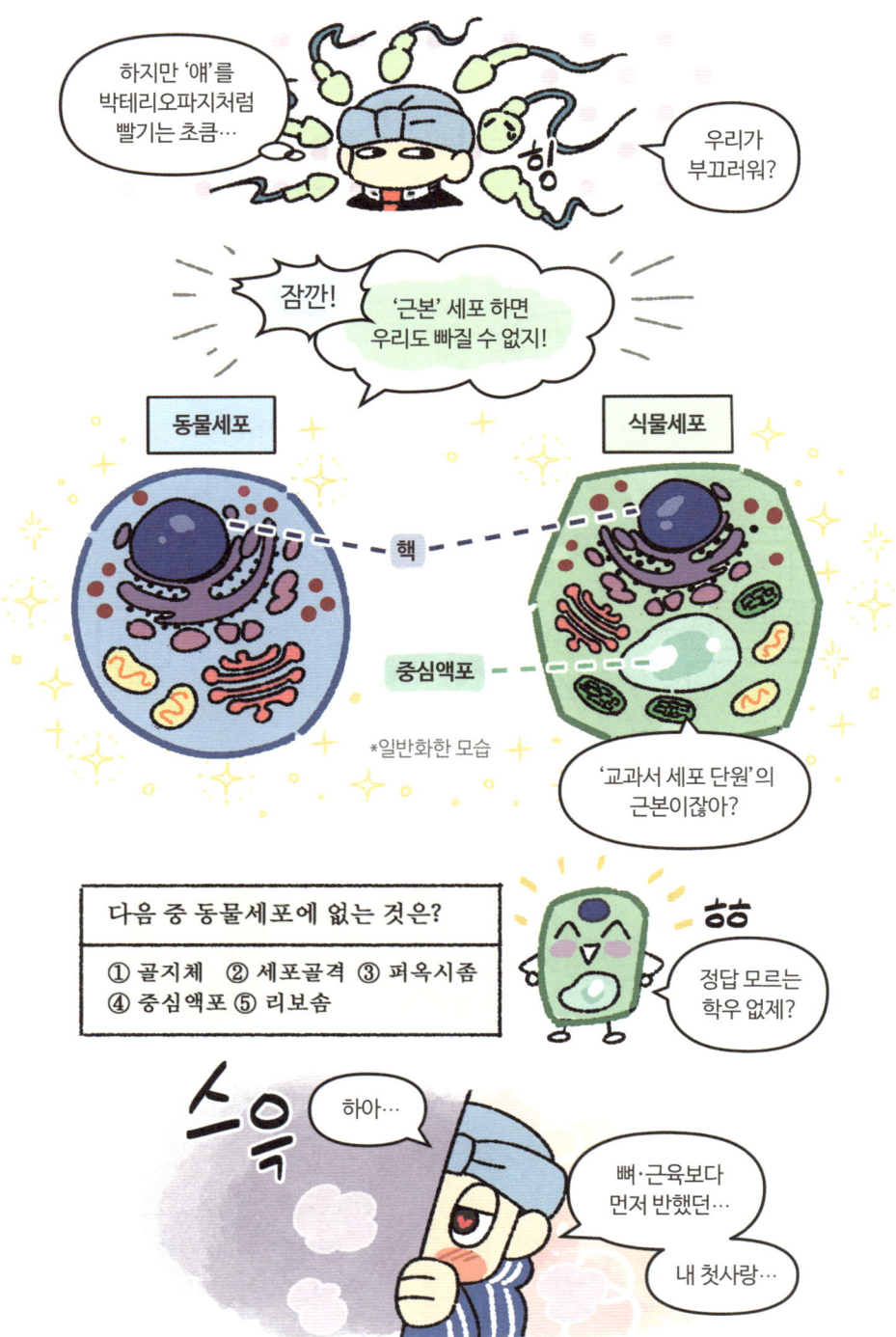

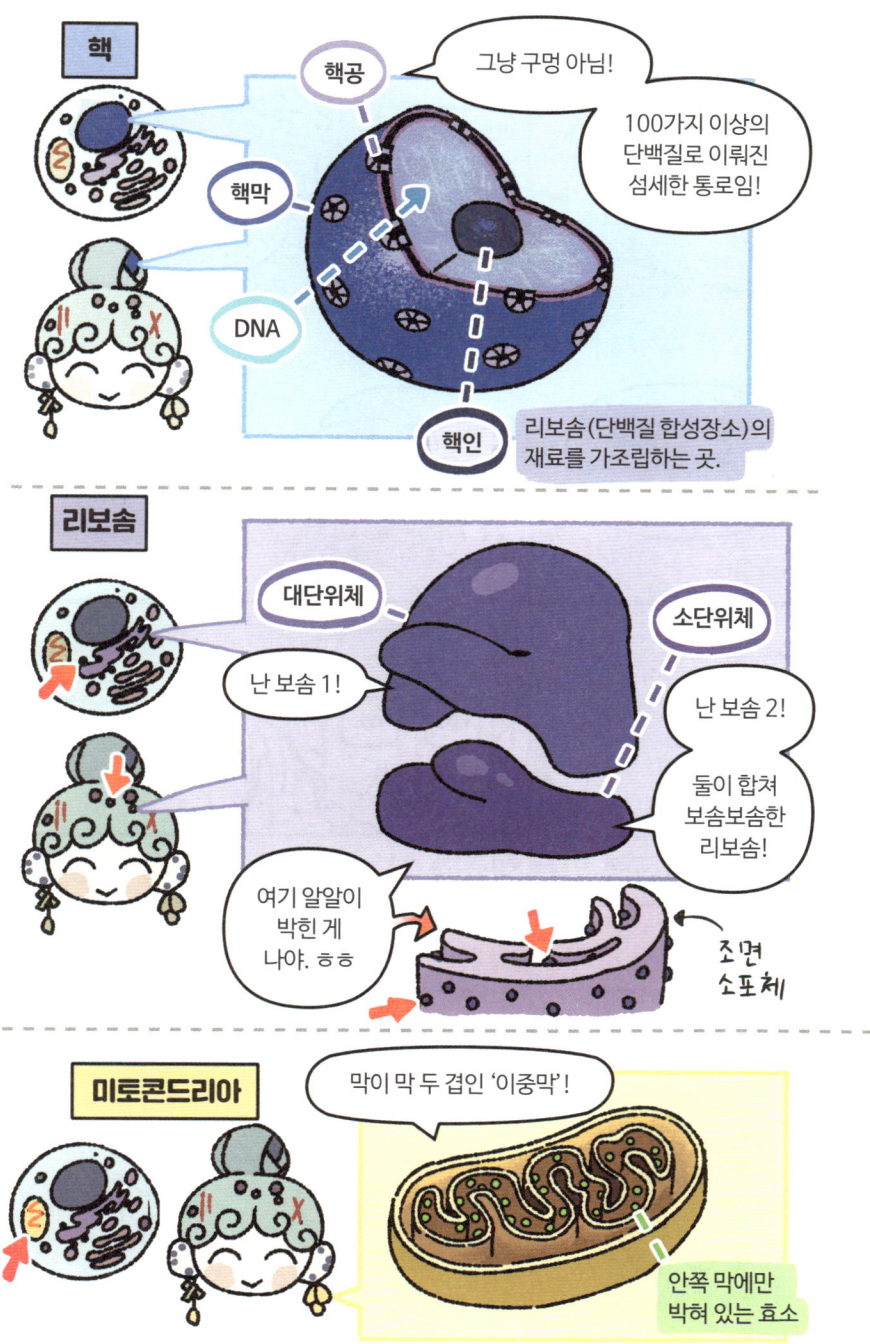

참고로 흔히 보는 것보다 더 길쭉한 미토콘드리아도 있다.

근데 세포와 관련해 좀 킹받는 지점이 있는데…

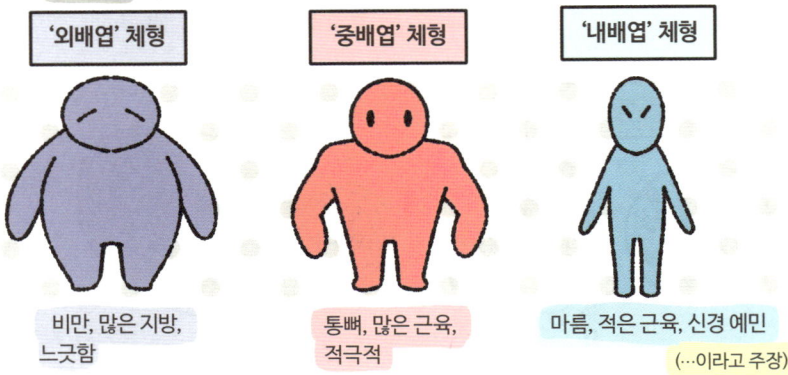

단어 자체는 세포의 발생 단계에서 따왔는데

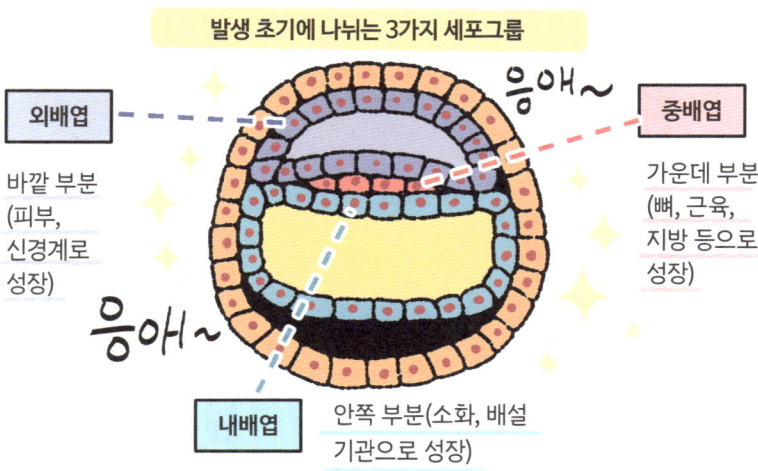

모든 사람이 단 3가지 유형으로 칼같이 나뉘지도 않을뿐더러, 평생에 걸쳐 변하기도 하기 때문에 부정된 지 오래…

…되었으나, 아직 시험에 나오기도 한다.

[마지막 화에 계속…]

쉬면서 보는 해부학 칼럼

추천하고 싶은 책

제가 소개하는 책이니 당연히 해부학과 관련이 있지만… 안심하세요, 여러분…! 절대로 전공 서적이 아닙니다. (저도 어려워서…) 장르는 뭐랄까, '추리+전기+해부학'이라고 할 수 있을 것 같습니다. 그래도 '해부학'이 들어가는 게 걱정이라면, 《슬램덩크》를 떠올려보세요. 농구 규칙을 모르고 봐도 엄청 재밌죠. 이 책도 그렇습니다. 무엇보다 추리인데 논픽션… 즉, 리얼 실화입니다.

추천해드릴 책은 빌 헤이스가 쓴 《해부학자》입니다.

이 책에서 저자는 '한 인물'을 추적합니다. '그'가 바로 본편 4화와 5화에 나온 《그레이 해부학》의 저자 헨리 그레이죠.

《그레이 해부학》은 수학으로 치면 《수학의 정석》 같은 책입니다. (1858년 출간 이후 한 번도 절판된 적이 없고 지금도 읽힘.) 보통 이 정도 책은 저자에 대한 이야기도 전해지기 마련인데, 어째서인지 헨리 그레이에 대해서는 알려진 게 거의 없다고 합니다. 저자는 어떤 계기 덕분에 헨리 그레이의 전기를 짓기로 마음먹죠.

《그레이 해부학》이 유명해진 데는 약 400장에 달하는 '섬세한 해부도'의 공이 큽니다. 저는 처음에 "설마 그림도 헨리 그레이 본인이 그렸나? 그럼 말도 안 되는 천재잖아?!"라고 걱정(?)했는데, 다행히 해부도를 그린 건 다른 사람이었습니다. 헨리 그레이와 앞 이름이 같은 헨리 반다이크 카터라는 사람이 그렸죠. 역시 신은 공평했습니다.

…라는 안도도 잠시, 그림을 그린 헨리 반다이크 카터도 해부학자더군요. (이하 두 헨리를 각각 '그레이'와 '카터'로 표기.)

두 사람 다 뛰어나지만, 저는 방대한 지식을 갖춘 것은 물론 그림까지 잘 그리는 카터에게 조금 더 질투가 났습니다. 재밌는 건 제가 느끼는 감정을 카터가 그레이에게도 느꼈다는 겁니다. (헨리 그레이의 이력: 젊은 나이에 의학박사 비슷한 자격증, 왕립학회의 정회원, 병원 해부학 박물관 큐레이터, 유명한 논문 다수 집필 등등.)

그런데 어째서인지 1901년 미국판 《그레이 해부학》에는 그림을 그린 카터가 언급되지 않습니다. 질투를 받는 건 그레이였는데 말이죠. 또 얄궂게도 저자가 그레이의 단서를 가장 많이 얻는 자료는 '카터의 일기'입니다.

실화인데 엇갈리는 설정이 참 기가 막히지 않나요.

저자는 두 헨리를 추적하는 동시에 자신의 이야기도 하는데, 이게 《해부학자》가 보통 전기와 다른 부분입니다. 이 부분이 있기에 《해부학자》를 추천한다고 말해도 과언이 아닙니다.

또 맨 뒤 참고문헌 다음에는 전문용어가 나온 곳을 정리한 '찾아보기'도 있으니, 조금 깊게 들여다보고 싶은 사람도 만족할 것 같습니다. 추천, 추천!

이제 뇌절을 멈출 때가 왔습니다.

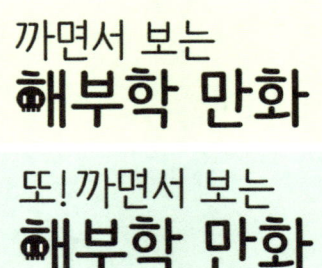

'해부학'으로 만화를 두 타이틀이나 하다니, 많이 해 먹었죠.

치도리는 멈추는 게 도리

해부학은 본디 생명의 끝에서 시작하는 학문.

그 콩고물을 주워 먹는 만화에 끝이 없다면,

그건 도리가 아니니까요.

도리도리

흐름상 넣지 못해 아쉬웠던 내용들을 탈탈 털고 가겠습니다.

퀸과 함께

: 에필로그

몸에서 가장 작은 뼈

손가락뼈와 발가락뼈는 꽤 작지만 귓속뼈에 비할 수는 없다.

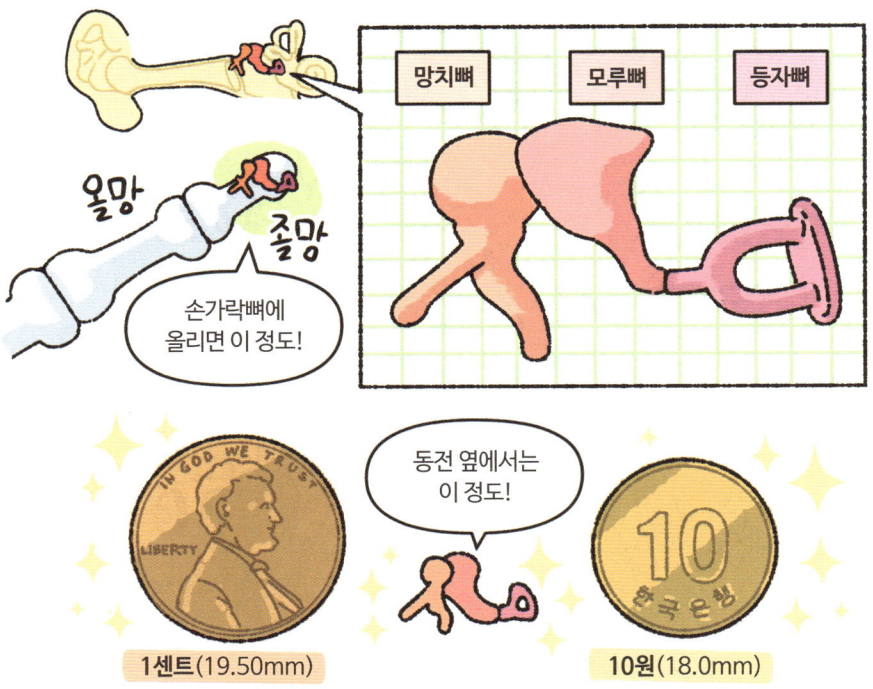

이 세 뼈는 아주 작지만 각자 확실한 컨셉이 있는데

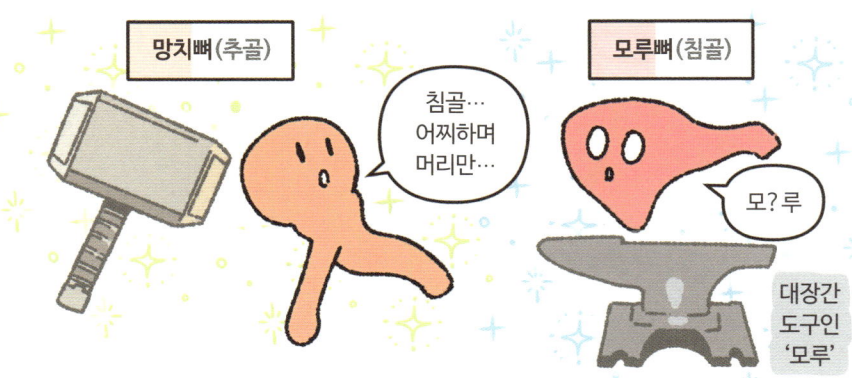

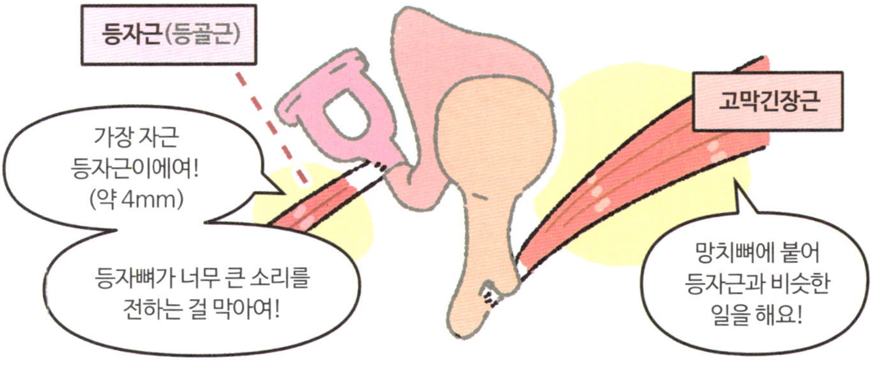

그동안 속여서 죄송합니다

보통 근육 해부도는 목빗근이 바로 보이지만, 사실 목빗근을 '덮고 있는 근육'이 하나 있다.

*중요도가 낮아 잘 생략됨.

말포이가 애용한 근육

입 닥칠… 다물 때는 주로 '깨물근'이 쓰이는데

옆통수에서 시작해 아래턱뼈에 붙어 있는 '관자근'이 이를 돕는다.

'王자'의 중심

복근을 나누는 중간선은 근육이 아니라 길고 두툼한 '힘줄'이다.

'하얀색 선(리니아 알바, Linea alba)'이라는 직관적인 이름을 갖고 있는데 여기서 하얀색을 뜻하는 '알바(alba)'는 다른 단어에서도 쉽게 찾아볼 수 있다.

동작 그만, 빗장 빼기냐?

빗장뼈(쇄골) 아래에는 그다지 주목받지 못한 근육이 있다.

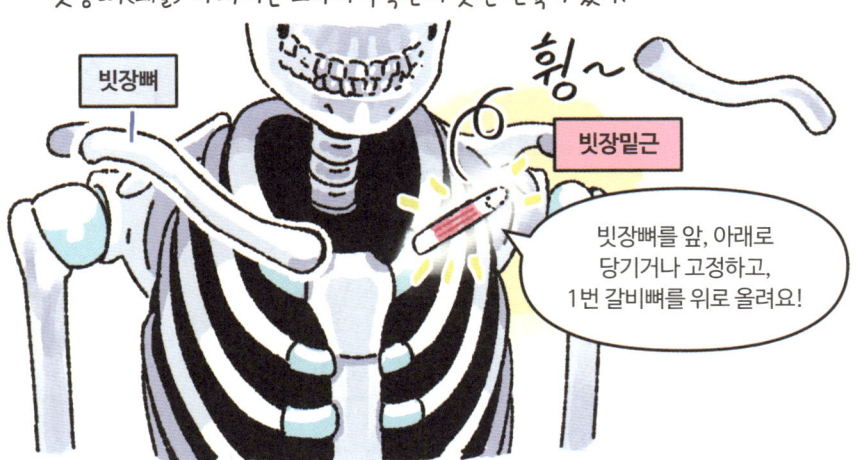

부상으로 변해버린 관절,
살짝 휜 새끼손가락,
애매한 평발 같은

소소하지만 남과 다른
나의 특징.

일반화가 담을 수 없는 이런 부분에
'진짜 해부학'이 있지 않을까요.

내 몸에 있는 '나만의 여왕님'과 함께 말이죠.

여러분이 각자의 여왕님과 함께 '진짜 해부학'을 마주하실 동안 저희는 늘 여기에 있겠습니다.

말하지 못했습니다.
이건 거짓말이 아니고, 내가 뭘 잘못해서 이렇게 된 게 아니라고.
형태가 없는 '근성'이나 '마음가짐'이 아니라 인체라는 물질세계의 문제라고.

훗날 말할 수 있는 재료를 얻고 나서야,
사실 저도 제 잘못이라고 생각한다는 걸 알았습니다.
시간을 들여 저를 설득한 이후, 겨우 말다운 말을 할 수 있었습니다.

핸디캡은 제 탓이 아니지만, 저를 꾸려갈 책임을 지는 지금이 좋습니다.
느려도 부디 계속, 발버둥 치기를.

압둘라

참고문헌

국내서

김성수 외, 《몸으로 세계를 보다》, 서울대학교출판문화원, 2017.

김용수 외, 《눈으로 배우는 사람해부》, 대경북스, 2009.

김정혜, 《병리학》, 학지사메디컬, 2017.

김찬 외, 《핵심 인체해부학》, 은학사, 2018.

송창호, 《인물로 보는 해부학의 역사》, 정석출판, 2015.

수피, 《헬스의 정석: 이론 편》, 한문화, 2019.

안승철, 《만화로 미리 보는 의대 신경학 강의》, 뿌리와이파리, 2020.

이종각, 《일본 난학의 개척자 스기타 겐파쿠》, 서해문집, 2013.

정일규, 《휴먼 퍼포먼스와 운동생리학》, 대경북스, 2011.

번역서

Carla Stecco, *Functional Atlas of the Human Fascial System* (Edinburgh: Churchill Livingstone Elsevier, 2015). (한국어판: 《근막시스템의 기능해부학》, 메디안북, 2018)

Donald A. Neumann, *Kinesiology of the Musculoskeletal System: Foundations for Rehabilitation* (St. Louis: Mosby, 2010). (한국어판: 《뉴만 Kinesiology 근육뼈대계통의 기능해부학 및 운동학》, 범문에듀케이션, 2018)

Gray Cook, *Movement: Functional movement systems* (Aptos: On Target Publications, 2010). (한국어판: 《움직임》, 대성의학사, 2013)

Mariëlle Hoefnagels, *Biology: Concepts and Investigations* (Boston: MC-GrawHill, 2008). (한국어판: 《생명과학: 개념과 탐구》, 라이프사이언스, 2013)

Micheal A. Clark, *NASM Essentials of Corrective Exercise Training* (Philadelphia: Wolters Kluwer Health, 2011). (한국어판: 《교정운동학》, 한미의학, 2014)

Phil Page, *Assessment and Treatment of Muscle Imbalance: The Janda Approach* (champaign: Human Kinetics, 2009). (한국어판: 《안다의 근육 불균형의 평가와 치료》, 영문출판사, 2020)

Thomas W. Myers, *Anatomy Trains: Myofascial Meridians for Manual Therapists and Movement Professionals* (Edinburgh : Elsevier, 2020). (한국어판: 《근막경선 해부학》, 영인미디어, 2021)

松村天裕, 解骨のしくみ・はたらき事典 (東京: 西東社, 2011). (한국어판: 《뼈・관절 구조 교과서》, 보누스, 2020)

野上晴雄, 腦・神經のしくみ・はたらき事典 (東京: 西東社, 2012). (한국어판: 《뇌・신경 구조 교과서》, 보누스, 2020)

茨木保, まんが醫學の歷史 (東京: 医学書院, 2008). (한국어판: 《만화로 보는 의학의 역사》, 군자출판사, 2012)

坂井建雄, 面白くて眠れなくなる解剖學 (東京: PHP研究所, 2017). (한국어판: 《재있어서 밤새 읽는 해부학 이야기》, 더숲, 2019)

河合良訓, 骨単―語源から覚える解剖学英単語集: 骨編 (東京: NTS, 2004). (한국어판: 《어원으로 배우는 해부학 영어단어집: 골격

편), 군자출판사, 2008)

河合良訓,
脳単―語源から覚える解剖学英単語集: 脳・神経編 (東京: NTS, 2005). (한국어판: 《어원으로 배우는 해부학 영어단어집: 뇌·신경 편》, 군자출판사, 2009)

河合良訓,
肉単―語源から覚える解剖学英単語集: 筋肉編 (東京: NTS, 2004). (한국어판: 《어원으로 배우는 해부학 영어단어집: 근육 편》, 군자출판사, 2009)

河合良訓,
臓単―語源から覚える解剖学英単語集: 内臓編 (東京: NTS, 2005). (한국어판: 《어원으로 배우는 해부학 영어단어집: 내장 편》, 군자출판사, 2009)

국외서

Dr. Nikita A. Vizniak, *Muscle Manual: Second Edition*, (Vancouver: Prohealthsys, 2018).

기사·논문

강선주 외, 동서고금 의술이야기: 떠돌이 의사 아비센나, 〈뉴스로드〉, 2019. 1. 7.

강현식, 스포츠와 유전자는 어떤 상관성이 있을까, 〈사이언스타임즈〉, 2004. 8. 16.

김응수, 공부가 제일 쉬웠어요―이븐시나, 〈의사신문〉, 2012. 6. 18.

김치중, 닭다리·닭가슴살 '근육'이 다른 이유, 〈한국일보〉, 2019. 12. 14.

이종필, 사이언스N사피엔스: 해부학 시대의 도래, 〈동아사이언스〉, 2020. 4. 16.

해부학 역사, 대한해부학회 홈페이지 자료실

[2017 소장자료 총서4] 《해부학》 2권, 국립한글박물관 발간 자료

B Polla etc, Respiratory muscle fibres: specialisation and plasticity, *NCBI Literature Resources*, 2004.

Kourosh Kahkeshani etc., Connection between the spinal dura mater and suboccipital musculature: evidence for the myodural bridge and a route for its dissection—a review, *NCBI Literature Resources*, 2011.

Muhammad Nadeem Aslam, Bone Fractures in Ibn Sina's Medicine, *Pakistan Journal of Medical & Health Sciences*, 2007.

Newton José Godoy Pimenta etc., Posterior atlanto-occipital and atlanto-axial area and its surgical interest, *SciELO*, 2014.

패러디 출처

7쪽 1화 뼈 파이팅
모리카와 조지(森川ジョージ), 〈더 파이팅(はじめの一歩)〉, 1989. ~ 연재 중.

19쪽 2화 연골의 편지
조현아, 〈연의 편지〉, 2018. 08. 11. ~ 2018. 10. 14.

33쪽 3화 신비한 근육의 쌍둥이 공주
사토 준이치(佐藤順一), 〈신비한 별의 쌍둥이 공주(ふしぎ星の☆ふたご姫)〉, 2005. 4. 2. ~ 2006. 3. 25.

47쪽 4화 먼나라 해부학 이웃나라 해부학
이원복, 〈먼나라 이웃나라〉, 1981. ~

	1986. (〈소년한국일보〉 연재 기준)
61쪽	5화 근성 짱 김성모, 〈럭키 짱〉, 1998. ~ 2000.
75쪽	6화 팔뚝몬스터 TV TOKYO, 〈포켓몬스터(ポケットモンスター)〉, 1997. 4. 1. ~ 2002. 11. 14. (무인편 기준)
89쪽	7화 드래곤볼 토리야마 아키라(鳥山明), 〈드래곤볼(ドラゴンボール)〉, 1984. ~ 1995.
103쪽	8화 이니셜 V 시게노 슈이치(しげの秀一), 〈이니셜 D(頭文字D)〉, 1995. ~ 2013.
117쪽	9화 흉곽아파트 호흡근육의 비밀 스튜디오 바주카, 〈신비아파트 고스트볼의 비밀〉, 2016. 7. 20. ~ 2017. 1. 18.
131쪽	10화 따끈따끈 배의 근육 하시구치 타카시(橋口隆志), 〈따끈따끈 베이커리(焼きたて!!ジャぱん)〉, 2002. ~ 2007.
145쪽	11화 괄약왕 타카하시 카즈키(高橋和希), 〈유희왕(遊☆戯☆王)〉, 1996. ~ 2004.
159쪽	12화 손목발목 울 적에 용기사07(竜騎士07), 〈쓰르라미 울 적에(ひぐらしのなく頃に)〉, 2002. 8. 16. ~ 2006. 8. 13. (발매일 기준)
175쪽	13화 인사이드 꽃밭 피터 한스 닥터(Peter Hans Docter), 〈인사이드 아웃(Inside Out)〉, 2015. 6. 19. (북미 개봉 기준)
193쪽	14화 주털피아 바이런 하워드(Byron Howard)·리치 무어(Rich Moore), 〈주토피아(Zootopia)〉, 2016. 3. 4. (북미 개봉 기준)
207쪽	15화 캐치 뇌 이프 유 캔 스티븐 스필버그(Steven Spielberg), 〈캐치 미 이프 유 캔(Catch Me If You Can)〉, 2002. 12. 25. (북미 개봉 기준)
219쪽	16화 중이염이라도 감각이 알고 싶어! 토라코(虎虎), 〈중2병이라도 사랑이 하고 싶어!(中二病でも恋がしたい!)〉, 2012. 10. 4. ~ 2012. 12. 20.
233쪽	17화 심장은 친구가 적다 히라사카 요미(平坂読), 〈나는 친구가 적다(僕は友達が少ない)〉, 2009. 08. 31. ~ 2015. 08. 31.
247쪽	18화 에러노트 오바 츠구미(大場つぐみ) 스토리, 오바타 타케시(小畑健) 작화, 〈데스노트(デスノート)〉, 2004. ~ 2006.
259쪽	19화 우리의 세포들 이동건, 〈유미의 세포들〉, 2015. 4. 2 ~ 2020. 11. 14.
273쪽	퀸과 함께 주호민, 〈신과 함께〉, 2010. 1. 8. ~ 2012. 8. 9.